大展好書 好書大展

大展好書 好書大展

婦幼天地

37

生男生女控制術

中垣勝裕／著
柯素娥／譯

大展出版社有限公司
DAH-JAAN PUBLISHING CO., LTD.

♀♂♀♂♀♂♀♂♀♂♀♂♀♂♀♂♀♂♀♂♀♂♀♂

序言

「在倫敦，選擇生男生女的專門醫院已被設立了……」，這樣的報導，刊載於去年底的報紙。據說，在那間醫院是將精子分類為男女，藉由人工受精而實行選擇生男生女！

雖然此地十餘年來發表了數項選擇生男生女法，但我活用生理周期，找出選擇孩子性別的方法，截至目前為止，一直將許多人士導向成功，完成理想。

我的選擇生男生女法，以幾乎不必採取醫學上的處置為一大特徵，而且連藥物或注射針劑也不必使用，僅僅做一點努力及工夫，便可在短時間內毫不勉強地實行。再者，在我所指導的二千人之中，曾有八十％以上獲得成功的實績。

約十五年之前，我談論「利用生理周期在選擇生男生女上

♀♂♀♂♀♂♀♂♀♂♀♂♀♂♀♂♀♂♀♂♀♂♀♂

♀♂♀♂♀♂♀♂♀♂♀♂♀♂♀♂♀♂♀♂♀♂♀♂

獲得成功」的經驗體被刊載於某份雜誌上。當時的迴響非常高，來自許多人士的詢問如雪片般飛來。其中，我記得由於丈夫為歷史悠久的老鋪、商店，因此希望有兒子繼承家業的人，或是來自未婚女性的詢問特別多。

之後，這項「根據生理周期的選擇生男生女法」頻頻地在報紙及雜誌等媒體上被介紹，深刻地感受到為何許多人士對「選擇生男生女」抱持關注的關係？

因為世界上有形形色色的事情，所以，祈願「如果能選擇生出來孩子的性別那就太好了」的夫婦似乎很多。無論別人認為這是無聊至極、十分愚蠢的想法，或是因此事而感到臉上無光，丟盡面子的父母們大有人在，也是不爭的事實。

我的本行雖是一介沒沒無聞的上班族，但是祈願對那些無論如何都希望生個男孩或女孩的父母們，多少有所助益的心情，大家是否能瞭解呢？所以這一次才出版此書，藉此闡述我的理念。

♀♂♀♂♀♂♀♂♀♂♀♂♀♂♀♂♀♂♀♂♀♂♀♂

♀♂♀♂♀♂♀♂♀♂♀♂♀♂♀♂♀♂♀♂♀♂♀♂

本書以我歷經十五年之間的經驗及實績（我的長子及長女，以及約二千名的諮商者）為基礎，是「根據生理周期的選擇生男生女法」的集大成。因為有人問說生理周期是什麼，所以在此甚至連選擇生男生女的詳細技能、祕訣全都深入淺出地加以解說，使任何人都能瞭解。另外，在附錄之中添加了附帶貼紙的特製生理周期日曆。由於選擇生男生女的實踐，當然也能在普通的生活之中利用，因此，請多加活用。

在此由衷地祈願各位詳細地閱讀本書，建立幸福的家庭。並且，若也能加深對於生理周期的關注，則將更加幸福，誠為可喜可賀。

最後，對許多照顧過我的人士，致上深深的謝意

中垣　勝裕

♀♂♀♂♀♂♀♂♀♂♀♂♀♂♀♂♀♂♀♂♀♂♀♂

目錄

第一章　許多人在選擇生男生女上獲得成功

第二章　成功地導引選擇生男生女法的「三步驟方式」

第三章　啊，妳也實踐看看吧

第四章 生理周期對胎教及育兒也有效

第五章　利用生理周期防範紛爭於未然

終章　選擇生男生女的任何問與答

序　章

生男生女被分開了

希望控制子女性別的人為何急增了！

因為目前是擁有一個或兩個子女的時代

這正是十五年前被刊載於《主婦之友》雜誌上關於「我控制生男生女的方法」之報導的節錄。

「我們利用人體節奏來控制生男生女。」

當時（一九七〇年代後半），雖有幾位從事於「生男生女控制術」研究的學者或醫師，但我的「生男生女控制術」，與這幾位人士稍有不同。我主張「控制子女性別的可能性很高」的方法，是根據「人體節奏的活用」而來的方法。

所謂的人體節奏，是指人體以有規律的周期，不斷地循環著的「波動」而言，而無論波動順利或情況不佳，都是節奏的一部份。我在持續不斷的研究之中得知，只要利用此一「波動」，則要選擇生男生女就有可能了。並不需要藥物，僅僅活用任何人與生俱來所具備的人體節奏即可。不過，在此只有女性的生理周期成為活用的對象。

在雜誌上，聲稱「我與妻子在控制生男生女上獲得成功的經驗談」，以及「實際上如何去做才能控制生男生女」之類的專門知識（know-how）被介紹出來。

從那個時期開始，一般人士對於控制生男生女的關心急速地進展，從來到我的診所的許多人士，連續地發出「雖然想要實踐生男生女控制術，但應怎麽做才好？」之類的詢問，人們的疑問源源不斷而來。

此後的十五年，生男生女控制術似乎在最近再度成為人們談論的話題，我也接受了來自幾個雜誌社等媒體的採訪。

正當思考「為什麽呢？」的理由之際，一九九一年六月的報紙上，刊登了如此的報導：「根據人口動態統計，日本一九九〇年一年之間所出生的嬰兒數，約一百二十二萬人，也為歷史上最低的數目。顯示每一個女性一生之中平均生產幾個孩子的「合計特殊出生率，也從一九八九年的一・五七％減少至一・五三％（順帶一提，美國、瑞典的特殊出生率為二・〇％左右，義大利為一・二九％，德國則為一・三九％）。

我認為，此一出生率的降低現象，似乎也多半關乎人們對於生男生女控制術的關心提高了。

無論如何都希望有男孩的後嗣

前些日子，我的診所接到來自金澤市自稱近藤明子女士的電話。

「我將在十月結婚，而他說想要生一個或兩個孩子，我雖也贊成此事，但他說：『無論如何都希望第一個是男孩，如果不行，第二個孩子生個男孩也可以。』事實上，他是想要讓兒子繼承家傳的商店（持續四代的陶瓷器店）。聽說利用生理周期便可隨心所欲地生男生女，是真的嗎？」

近藤女士的情形，雖在子女的數目上似乎有其理想的人數，但由此也令人感覺到，似乎在「性別」方面有著切實的問題。

事實上，來自全國各地熱衷於以信件或電話諮詢的女性之中（為何來自為人丈夫者等男性的直接詢問幾乎沒有？），說道：「為了擁有子嗣，希望有兒子。這是公公及婆婆的願望，我不管怎樣都非得讓這個願望實現不可。」的人也很多。

也許這些女性會被認為：「這麼愚蠢！」但事實上如此深刻的例子並不少。

廣島市的y女士（三十歲）的情形也是如此。

「目前我有二個女兒，但無論如何都希望有兒子。因此，我很想再生一個孩子，但又擔心如果又是女兒那該如何是好。眼看著就要死心放棄擁有兒子的念頭，苦惱著是不是就這樣好好地養育兩個女兒比較好……。」

公公及婆婆是家族的長子、長媳，而先生是獨子，而且他的生意事業是摩托車行，這是他無論如何都要一個兒子作為繼承家業者的理由。

我立刻指導Y女士生男生女控制術。首先，寄給Y女士六個月期間的生理周期日曆，以及為了使生男生女控制術成功的必要資料（「三步驟方式」的內容及實踐方法。關於這個方式，將在之後詳細地說明）。不久，便有來自Y女士的回覆。

「老師，在六個月期間，我的排卵日與生理周期上預測的日子從未一致過。」

的確，排卵日與生理周期上可能選擇生男生女的日子相符的日子，每一年都沒有幾次，平均約三～四次。這時，就要再次製作下一個六個月份的生理周期日曆。

一九九〇年七月二十四日，Y女士平安地產下一個三千四百公克的男孩。

「以往長久期間一直煩惱著的問題，就像不曾發生過的夢境一樣，真是感激不盡。家人們全雀躍不已。」從Y女士寄來如此的信函。在最近的信函之中，她也說道：「完成了獲得男女兩方的孩子，可以安心及快樂了。一想像著不知哪一天被摩托車包圍著的店裡，充滿了孩子的影像，我就興奮萬分。」

最近十人之中有七人希望生女寶寶

根據厚生省所發表的一九九〇年日本的人口動態統計，出生人數為一百二十二萬一千六百八十八人。這就是說，嬰兒以每二十五・八秒一人的速度誕生（一九九〇年的總人口為一億二千三百六十一萬一千五百四十一人）。

但是，據說數來年日本的出生數急劇地下降。被稱為戰後之「嬰兒潮」的一九四九年，出生人數為二百七十萬人，但一九七三年為二〇九萬人，一九七五年則首次打破在二百萬人以下。一到了一九九三年，終於減少為一百二十萬人——愈來愈少的出生人數被報告出來。

之後厚生省列舉出作為出生人數產生變化的原因是：

〇生育孩子的育齡女子人口數減少。

〇女性的平均初婚年齡為二五・九歲，這相較於前一年提高了〇・一歲，晚婚化的發展，以及終生不結婚的女性的增加，這些都成為出生率降低的要因之一。

父母在選擇孩子性別上所希望的性別有所變化！

1979年作者的調查

希望擁有女孩41.0%		希望擁有男孩59.0%	
已有1個男孩	6.0%	已有1個女孩	18.0%
已有2個男孩	29.0%	已有2個女孩	36.0%
已有3個男孩以上	6.0%	已有3個女孩以上	5.0%
合　計	41.0%	合　計	59.0%

↓

1989～1991年作者的調查

希望擁有女孩72.7%		希望擁有男孩27.3%	
已有1個男孩	21.1%	已有1個女孩	7.0%
已有2個男孩	45.3%	已有2個女孩	15.6%
已有3個男孩以上	6.3%	已有3個女孩以上	4.7%
合　計	72.7%	合　計	27.3%

○因養育子女的經濟、精神負擔，與就業勞動的矛盾對立、左右兩難，住宅情況、居住空間等，使子女的出生率減少。

○夫婦所希望的子女數目減少了。

諸如此類要因。至於我個人，則想要添加「年收入的實質上減少」等各種要因。

若子女的數目愈減少，則希望「倘若我們生的孩子的性別，可依我們的意願決定的話，那該多好」的爸爸媽媽便愈多。

事實上，在十多年以前佔選擇孩子性別之理由的首位是「想要有子嗣」，但在最近，聲稱「因為只生一個或兩個孩子，所以想要選擇孩子的性別」的例子增加了。

那麼，關於男女的比例又如何呢？

我根據以希望選擇孩子性別的父母親為對象所作的調查，一九七九年希望男孩的比率為五十九％，希望女孩的比率為四十一％。

這項比率，根據十年之後的一九八九年的調查，希望男孩的比率為二十七·三％，希望女孩的比率為七十二·七％，顯示出極大的變化。

出現如此程度的差異，是何緣故呢？是因瑪丹娜大受歡迎，形成風潮嗎？

無論如何，必定是被爸爸媽媽所期望而被他們生下來的孩子無疑。

活用生理周期的劃時代性選擇生男生女法

決定性別是神的特權

「神創造人時，是根據神的形象而創造，將祂創造成男性與女性。」

在聖經的「創世紀」第五章，有這麼一段話。

男性為亞當，女性為夏娃。究竟兩個人的相遇是怎樣的情形呢。我們再稍微回溯創世紀閱讀其內容吧。

「……神在東方的伊甸設立了一個樂園，將其所創造的人放置在此處。……另外，主神宙斯也說過：『人如果經常獨自一人是很不好的，為了此人，想要創造一個適合的助手。

……主神宙斯使人熟睡，在人睡眠之際，取下其一根肋骨，用肉填塞這個部位。此時，此人說道：『這個再創造的人，終究是我的骨骼的骨骼，我的肌肉的肌肉，據說正因為是從男性取得的，所以將這個人命名為女性。』

根據《聖經事典》一書的說法，亞當為人類的始祖，夏娃為人類最初被賜與女性的名字，因為她是所有活生生的人的母親，所以一般認為她被命上意味著「生命」的「夏娃」之名。

另一方面，在希臘神話之中，人類最初的女性是諸神之王宙斯貶降於凡間的潘朵拉。宙斯讓潘朵拉保有裝入人類一切罪惡的盒子（潘朵拉的盒子），但她破壞了與宙斯之間的約定，打開了盒子。如此一來，諸惡遂撒佈於凡間，而盒子底部僅僅留下「希望」——出現於這個著名神話的女性，即是潘朵拉。

另外，還有一個關於亞當的第一任妻子莉莉絲的神祕傳。莉莉絲原是一條蛇，希臘的詩人但丁說，神在取下熟睡的亞當的肘骨，創造女性（妻子夏娃）之前，亞當已有名為莉莉絲的妻子。

詩人在詩中歌詠道，莉莉絲為了對被創造成人類的形貌的亞當之妻夏娃報復，讓夏娃吃下伊甸園中禁止食用的果樹的果實，又讓她懷下胎兒。

亞當及夏娃是在聖經一書之中人類最初的男性與女性——針對此一說法，潘朵拉關於「人」的問題如此說道：

「『人』最初是以兩性同體的形式被創造出來，外貌圓圓的，手腳各有四隻，臉則有兩個。」

據說，這是因為人背叛了宙斯而被分裂為兩半。在兩隻手與腳上連著臉……，也就是柏拉圖所說明的男性與女性的起始。即使未讀過聖經或神話等資料，各位大概也知道亞當與夏娃是人類最初的男性與女性這個傳說。在此，以曾介紹的傳說為首，試著研究有關人類誕生的問題，以及如此的幾則浪漫的故事及邂逅遇合。

並非偶然，而是事前選擇孩子性別

那麼，讓話題再稍微實際一點，拉近本書的主題吧。

男性或女性是在何時、怎麼決定性別的，而其中又有何不同？男女的性別，在與因性交而受孕的同時，即已決定，然而在此一時刻，我們尚不清楚是以兩性的哪一性而受孕。

「無論男孩或女孩都可以，所以，只要生一個健康活潑的小寶寶就好了。」

諸如此類的夫婦之間的對話，似乎常可聽見。

若要正確地說，則性別是因卵子與精子結合受精成功時，其性染色體的組合而決定。雖在下一章也將再度涉及此一問題，但在此先說明，決定性別的性染色體是男性的精子所擁有的東西。

在精子之中，擁有決定女孩性別的X染色體及決定男孩性別的Y染色體。但是，卵子的性染色體全都由X染色體被製造出來。因此，卵子接受精子而受孕時，是由X染色體與X染色體而相結合，或者，由X染色體與Y染色體而相結合，即決定了男女的性別。

我所研究的生男生女控制術「三步驟方式」，並非將男女的性別委諸於偶然，任憑天意的安排，而是想要在可能的範圍之內，在受精之前決定孩子的性別，儘可能地由夫婦主控孩子性別的方法。

「如此有如夢一般事情，真的可能嗎？」

也許有人會如此想，但此一方法以八十％的機率大獲成功，而且為了生男生女並不需使用藥物，或是花費大量金錢。

請挪出六個月至一年左右的時間，在這段期間，於卵子成長的環境之中，尋求使擁有X染色體的精子（或是擁有Y染色體的精子）容易活動的時期，另外，改變為容易活動的環境等等，都是很重要的訣竅。

與人體的結構有著密切關係的生理周期

利用「三步驟方式」而出生的第一個孩子，是我的長子，這是二十三年以前的事情。雖是題外話，但在此一提，那一年（一九六九年）日本的GNP終於成為世界第二位。另外，主張有不生育自由的婦女解放運動的活動也熱烈展開。

但是，長子的誕生是在公開憑藉生理周期而選擇孩子性別之前的事情，而且，當時我所熱衷的並非「生男生女控制術」本身。事實上，我對神秘的世界——「占卜」產生興趣，與「生理周期」的不期而遇，正是在時候。

藉由生理周期瞭解身體狀況的良好、不佳

教導我「生理周期」的老師，是我所主導的「史茲美會」的一位會員。此會會員聚在一起畫日本畫，也作占卜的遊戲。那位先生來會裡時，告訴我「神秘節奏」的事情。老師以「神秘節奏」稱為「生理周期」的現象，而從事於研究。

被畫在圖表上的三條曲線——他說，只要看著這些曲線的變化，便可明瞭這一天自己的身體狀況是良好或不佳。

「為什麼能明瞭如此的事情呢？」

之所以這麼問，是因為我有如著了魔一般地涉獵生理周期的書籍，每天的生活變成不離生理周期一事。因為今天自己的生理周期顯示出不適，所以開車時要特別地注意——我開始活用諸如此類的方法。

自己的生理周期表，若是連出生年月日都知道，則任何人都能製作。

在如此做之中，我讓上司及同事知道我研究生理周期一事，並接受諸如此類的請託：

「今夜想打麻將，但不知我的生理周期如何，幫我看看好嗎？」

「希望製作員工的生理周期表，就有勞你了。」

生理周期成為我經常調查研究的東西。

總而言之，因為基於可以預測自己的身體狀況的理由，對巴士或計程車的司機先生們而言，生理周期成為交通事故的防止措施。

另外，考生如果考試當天出現不適，那就得多加注意不要感冒了，或是特別地小心謹慎。

約在二十年之前，我曾接受某家巴士公司的委託，調查二百五十位司機先生的生理周期，作出報告。

我對每一位司機先生的生理周期每隔二個月檢查一次，作成了報告，而公司也說：

「請中垣先生製作司機們的生理周期表之後，交通事故或遲到誤班之類的種種麻煩問題減少了，真是大有幫助。」

結果，我連續作了五年的報告。

一九八二年，我被日本生理周期協會正式認定為「生理周期診斷師」，雖然目前的本職為廣告代理商的營業人員，但是一邊利用餘暇，一邊以生理周期診斷師的身份，陸續從事於「生男生女控制術」、「防止交通事故的方法」、「學習方法」、「判斷兩人是否八字相合、有無緣份」之類的諮商或演講。

活用生理周期於選擇生男生女的「三步驟方式」

話題再拉回到原點，在我大量涉獵生理周期的相關書籍，從事於友人的諮商之中，有一天，我聽見了「若應用女性的生理周期，便可隨心所欲選擇生男生女」。這個令人驚訝的說法。

我所師事的是日本生理周期協會會長白井勇治郎先生。他看見我過度熱衷的情形，很快地便說要指定我為繼承人，對這個情形，妻子也大吃一驚。

我先前也提過，結果從那個時候起至今為止，約有二十五年的時間，都一面擔任上班族而工作著，一面則擔任日本生理周期協會的診斷師，另外，也從我本身的體驗及研究（正如已說明過的，我的兩個孩子是在選擇生男生女獲得成功而出生的），從事於根據「三步驟方式」的生男生女控制術。

但是，在「三步驟方式」上，必須將「實行選擇生男生女方法的那一天」之前，分為如下的三個階段。

〈步驟⑴〉 生理周期的活用。

〈步驟⑵〉 飲食的管理。

〈步驟⑶〉 行房的方法。

還有，關於之後數度出現本書中的「實行選擇生男生女之日」這個名詞的說明，以後會在「選擇生男生女實行日」、「選擇生男生女機會日」、「行房日」等章節表示。

另外，所謂的「選擇生男生女可能日」，是指「根據身體節奏及感情節奏的組合，在理論上我可能生男孩或女孩的時期」而言。

而且，在選擇生男生女有可能隨心所欲的期間內，有時會符合排卵日一致的日子，這個時候，排卵日當天便成為「選擇生男孩的實行日」，而排卵日的二天前，則成為「選擇生女孩的實行日」。包括此事，關於「三步驟方式」的內容，將在下一章詳細地說明，但在此先

利用生理周期、飲食、行房等三個步驟去選擇生男生女

說明，分成三個階段的準則，是根據時間的經過而區分。

第一階段的〈步驟①〉，是「實行日的選定」。這至少需要六個月的時間。此一時期所要做的事，是瞭解女性的身體節奏，亦即月經周期。也就是說，為了正確地掌握最重要的排卵日為何時，應養成測量基礎體溫的習慣。

在此一階段，男性方面並無需特別直接進行的事情，但是，早上太太測量基礎體溫時請給予協助。直到測量完體溫為止，都不交談，或是一起醒來照顧孩子……。

其次，先製作生理周期日曆（生理周期表），在這份曆表上繼續記入排卵預測日。

所謂的至少需要六個月期間，是因為從生

理周期判斷適合於選擇生男生女的期間，與排卵預測日期互相一致的日期出奇地少（一年平均難得碰上三～四次）。有時因人而異，在六個月之間連一次機會也沒有，有時甚至要製作六個月份的生理周期日曆，所以耐性也很重要。

第二階段〈步驟②〉是「飲食的管理」。這是在短期間內的做法，從實行日十天前開始即可。如果「生男生女實行日」愈來愈接近，那麼，就有必要調整身體的狀況。

再者，這個步驟也需要男性的協助。也許有人會有飲食的好惡，但這是一小段期間，忍受過去即可。而且，因為我不制訂「只吃○○，絕對不可吃○○」之類嚴格的規則，所以大概能克服困難。

第三階段〈步驟③〉，是愈接近正式實行日當夜（並不限於夜晚）時的「行房方法」。也許有人會認為「連這樣的事情也要配合？」但是，這是決定男女性別上非常重要的事情。只要看下一章，也許就會抱有「即使全部僅僅實行〈步驟③〉也似乎可能選擇生男生女」的感覺。

然而，我重視生理周期的效果〈步驟①〉此一方面。這是因為，觀察我從事於生男生女控制術的指導十五年以上，一般人都認為，第②、第③步驟畢竟都是為了提高成功率而設的輔助步驟。

第一章

許多人在選擇生男生女上獲得成功

被證實有高成功率的安全又簡單的選擇生男生女法

如利用電腦計算一般，在正確選擇生男生女法上獲得成功

我第二個孩子出生時（長女，一九七三年），在社會上，「在研究生理周期之餘，如利用電腦一般，正確的選擇生男生女法上獲得成功」之類的事例，成為不少的話題。無論如何，反正不僅是第一個孩子，連第二個孩子也在選擇生男生女上獲得成功。其中，甚至兩個孩子的生日都在同一天十二月十七日，因此，並不感到奇怪。

生日在同一天，是因為生第二個孩子時妻子的生理周期，很偶然地與生長子時的生理周期相同的緣故，這的確是偶然的事情。我甚至未計算到這一點。

這種情形，我嘗試了兩次選擇生男生女法，兩次都成功了。

第一個是男孩，我是於一九六七年結婚，而他出生於我結婚正好過一年的時候。我想起母親經常說：「請儘快地生個孩子。如果你們都想要繼續工作領雙薪，那我可以幫你照顧孩子，所以不必擔心。」

當時，我二十六歲，妻子二十八歲。在一邊兩人都正工作，一邊償完購屋貸款之前，我們一直忍耐著不生可愛的小寶寶。

這時候，對由母親提議的辦法，妻子與我都爽快決定：「就這麼辦吧！」從以前我們便一直希望有二個或三個孩子，而「一女二子」是最理想的。

這個時期，我對身體或行動所顯示的良好、不適的身體節奏抱有興趣，而且在各種研究之中，瞭解到應用人體節奏所形成的生理周期，可以隨心所欲地生男生女一事，而其機率約三分之二強，成功率極高。

我本身當時僅僅相信生理周期理論約七成，但無論如何，最初是向生男孩挑戰。原本男孩女孩的出生機率各為二分之一，即使如果失敗了，也存有「第二次總會成功」之類的輕鬆心情。很幸運地，兩次都成功了。

也就是說，一九六九年男孩出生，接著四年之後長女出生。

當按照計劃男孩出生時，我想著：「完全符合理論而走，真是太棒了！」……。然後當第二個女孩出生時，我又想著：「啊，這一次又再圓滿、成功。這樣的話，即使不勸誘人做也可以啦，大家會搶著去實行！」因為，我瞭解到在後面會說明的，這個方法對身體完全沒有危險的一面。

我所研究出的選擇生男生女「三步驟方式」，經過我三次的「實驗」及「成功」之後，正式地展開推廣。

十五年之間選擇生男生女的成功率達到八十%的實績

先前我說過，只相信約七成的生理周期理論。如果是這樣，那麼也許有人會很不解地心想：「在本書裡令人注目的字句『八十%的機率』是從何處得出的數字呢？」

一旦考量以往的指導經驗及我的實驗，支持選擇生男生女法的成功率達八十%的要因，首先生理周期佔了七十%，除此以外，行房的方法佔了五～六%，飲食的管理佔了二～三%，剩下的，是被認為具有若干影響的信仰之類的自我暗示，或是女性的日光浴等等。

我所研究出的「三步驟方式」，是以大致區分、記於右方的最初三個方法為基本。也就是說，＜步驟①＞生理周期的活用，＜步驟②＞飲食的管理，＜步驟③＞行房的方法。

將活用我的經驗的此一方法，介紹給一般人士，開始從事於指導工作之後約有五年之久。從北海道至九州，來自全國各地的信函，如雪片般紛至沓來，但幾乎是「在選擇生男生女

若是「三步驟方式」，則成功率達80%！身體也安全無虞

上獲得成功，過著幸福的日子」之類的內容。

但是，利用「三步驟方式」實行選擇生男生女的時候，什麼是最令人高興的事情，是不必服用藥物或注射針劑，對身體也完全沒有危險面。

也就是說，對於胎兒及母體不會加諸勉強的負擔，或是造成不良影響（因藥物而引起的副作用等等），因此，請安心地實行看看。

生理周期能使用於全體生活上

在此之前，我想各位都曾聽過一次生理周期這個名詞。

以前，在大型卡車的後面黏貼寫著「請採用生理周期法」的標籤，或是，一次用一百元

便可診斷生理周期的自動販賣機，是經常在街上碰到的東西。

這些例子令人感到，生理周期在我們的日常生活之中是非常貼身、親切、熟悉的東西，各位也許能想起一些實際的例子，以證明生理周期的確已大衆化，已融入我們的日常生活之中。

「今天我的生理周期必須多加注意，所以，開車時得特別小心！」或者「與男朋友吵架是因為生理周期的緣故？」

有諸如此類經驗的人，大概也不少吧。

像這樣，生理周期有效的利用法，除了選擇生男生女以外，還有很多，範圍非常廣泛。

成功的關鍵是決定「實行日」的三個生理周期

關於生理周期，在第二章會詳加敍述，但在此我們稍微來談一談。

「生理周期」（Biorhythm），是從意味著「生命」的bios，與意味著「規律的節奏」的Lismos這兩個希臘文而來的名詞。

最初開始存在於人間的所有動物及植物，是因應時間這個晝夜的節奏，及春夏秋冬的四

生理周期的三個節奏，分別各有周期

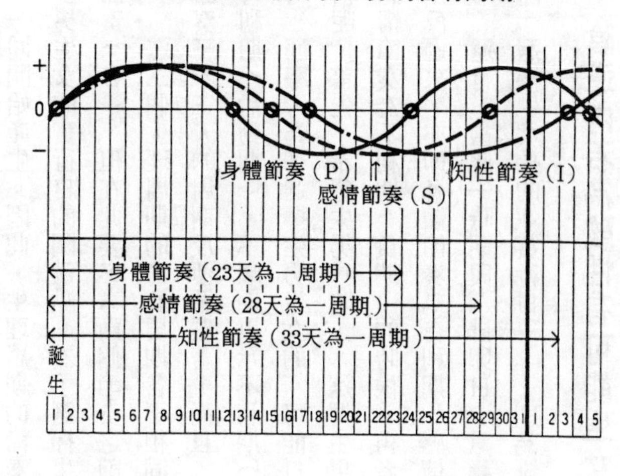

季節奏等自然界各種各樣規律的節奏，而生存下來。像這種存於自然界的節奏，其實人體之中也有幾個。

脈搏、呼吸、體溫（從上午八點左右至傍晚顯示體溫變化的一日節奏），以及女性的生理周期（月經）等等。

生理周期之中，有身體節奏（Physical Phythm＝以後以「P」代表）、感情節奏（Sensitivity Rhythm＝以後以「S」代表）、知性節奏（Intellectual Phythm＝以後以「I」代表）等三個節奏。而且，這三個節奏是以有規律的周期反覆循環著。

我們的身心狀況，全憑這三個節奏周期如何組合而決定，而且，這些節奏是與生命的誕生一同開始產生。因此，生理周期的節奏周期，可以由出生年月日得知，這也成為決定選擇生男生女的實行日的關鍵點。為了選擇生男生女特別必要的節奏，是身體節奏（P）及感情節奏（S），但在此要參考兩個節奏之前，也先配合介紹知性節奏（I）。

這三個生理周期的節奏周期各不相同，以身體節奏二十三天、感情節奏二十八天、知性節奏三十三天的周期反覆循環著，而且，每一個周期有順利、不順的高低起伏。順利期表示有利期（活動期），不順期表示不利期（休息期）。

那麼，為了選擇生男生女的〈可能日〉、〈實行日〉與「P」、「S」的關係將變成如何呢？首先，希望生男孩時，「選擇生男生女的〈可能日〉」是身體節奏為有利期（正期）、感情節奏為不利期（負期）的時候。再者，希望生女孩時，「選擇生男生女的〈可能日〉」是反過來，亦即身體節奏為有利期、感情節奏為不利期的時候。

還有，當此一時期與〈排卵日〉重疊時，「選擇生男孩的〈實行日〉」為排卵日當天，而「選擇生女孩的〈實行日〉」，則為排卵日前兩天。

陰道內若為酸性有可能生女孩，若為鹼性有可能生男孩

那麽，為何一旦在「選擇生男生女的實行日」行房，孩子的性別就被決定了嗎？

這在後述的「三步驟方式」一項也有說明，但若簡單地說，因為有如下的理由，所以孩子的性別是早已決定了。

人無論男性或女性都有四十六個染色體。由於這些染色體是每二個成為一對，而實際上，這其中只有一對染色體有X及Y兩種染色體，其餘皆是X及X染色體的組合。

這便是決定性別的性染色體（其中的二十二對染色體被稱為常染色體，雖形成身體的特徵，但並無決定性別的功能）。

X染色體「製造」女孩，Y染色體「製造」男孩。

但是，這兩種性染色體是存在於卵子（母親一方）、精子（父親一方）嗎？並非如此。也就是說，卵子之中只含有X染色體，在精子方面，則包含了X染色體（「製造」女孩的性染色體。以後稱為「X精子」），以及Y染色體（「製造」男孩的性染色體。以後稱為「Y精子」），存在著兩種性染色體。

男女的性別，是以擁有X及Y染色體這兩者的某種精子，與卵子的X染色體如何被組合而決定。

也就是說，這表示卵子與精子結合（受精）的時候，卵子與X精子結合若成為「XX」，則會生男孩。再者，與Y精子結合若成「XY」，則會生男孩的意思。

「是這樣啊，成為男性或女性是由精子（男方）所掌控了！」

「不，結合時卵子（女子）可選擇任何精子，所以是女方佔優勢！」

這樣的對話，似乎到處都聽得見，但事實上，性染色體被如何組合一事，與「S」及「P」的組合（節奏模式）有著極大的關係。

因此，關於女性身體特徵的種種，希望更加瞭解。女性的陰道內平時維持著酸性，而且，當酸性度特別高的生理周期，身體節奏為不利期，而感情節奏則處於有利期。

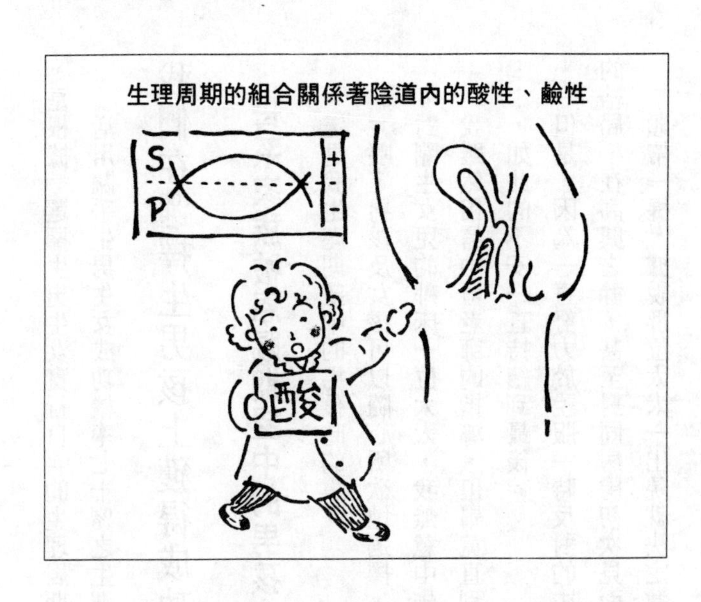

生理周期的組合關係著陰道內的酸性、鹼性

但是，一旦反過來生理周期的身體節奏為有利期，而感情節奏為不利期，則陰道內的酸鹼值PH（P、H為表示酸性、鹼性的單位）的鹼性度便變高。

另一方面，決定性別為女孩的X精子酸性較強，而決定性別為男孩的Y精子鹼性較強。

因此，若在陰道內酸性程度變高的時期（身體節奏為不利期，感情節奏為有利期）挑戰生男生女控制術，則表示生女孩的可能性便增高，相反地，若在鹼性比酸性的程度更高的時期（身體節奏為有利期，感情節奏為不利期）挑戰生男生女控制術，則表示生男孩的可能性增高。

也就是說，前述的卵子要選擇哪一個精子

，是根據「選擇生男生女實行日」的生理周期處於如何的狀態，而受到極大的左右。

活用關乎生男生女成功機率七十％之生理周期的理由，即在於此。

我們在選擇生男孩上獲得成功

母系家族被恩賜期望中的男孩——佐藤綠（假名，當時三十三歲）

這是我生產期望中的男孩時的事。

「喂，男孩及女孩可以隨心所欲地選擇，妳知道嗎？」

對剛生女兒的鄰床一位太太，我無意中告訴她如此不可思議的事。

我雖然相信中垣老師的指導，但畢竟直到孩子出生為止仍是半信半疑。如果是女孩的話……，如此的不安一直持續到最後。

但是，因為一直努力於說服一時反對的丈夫及公婆的我，誠意終於開花結果，有了圓滿的結局，在高興之餘，甚至對同病房初次見面的太太也太肆宣傳，極力鼓吹選擇生男生女法。

順帶一提，據說那位太太一出院就決定遵照中垣老師的選擇生男生女法，生第二個孩子，並立刻打電話給老師。

我決心進行選擇生男生女，是在長女一歲的時候，我是出生於只有女孩、身為四個姊妹的么女的家庭。

不知是否因為這個緣故，我非常羨慕有男性兄弟的朋友們，而且，結婚之後自己所生的孩子都是女孩，在無奈之餘，死心地認定：「大概是從母系家族接收了如此的命運吧。」

儘管如此，丈夫繼承了公公所一手創建的公司，一看到他拼命工作的模樣，我就立刻煩惱起來：「老天爺啊，無論如何請恩賜一個繼承丈夫家業的兒子好嗎？」

然後在女兒一歲，快要懷下一個孩子時，朋友借給我有關「選擇生男生女」的書籍及雜誌。

在此之前，我完全不瞭解可以隨心所欲地選擇生男生女這樣的事，所以非常訝異。——如果知道了此一方法，那麼也許在生第一個孩子時就會一試。

接下來雖然果真實踐了「選擇生男生女法」，但在雜誌中，中垣老師斷言：「生理周期、飲食的管理、行房——只要實行這三項，則選擇生男生女法的成功機率有可能達到八十％」

由於並非一〇〇%，以致對此事稍感不安，但在此之前並不知道這樣的事是可能的，因此我一直掛心著這樣的事；「因為生男孩或生女孩的機率原本為各佔一半，如果這個機率稍微提高一些，也想實踐看看。」

雖然立刻從量基礎體溫開始著手，但由於尚未清楚地固定我一歲的女兒的餵乳時間，因此，要在早上養成固定的時間內餵乳的習慣，是非常辛苦的。

無論如何，早上五點肚子餓了她就大哭，催促著要乳喝，所以為此而測定時間，六點左右我又睡著了。而且，一注意時已經八點了。這樣的事情，會有好幾次，使我每天都戰戰兢兢的。

但是，對丈夫感激不盡。之所以如此說，是因為他從未叫醒熟睡的我，要求我做早餐給他吃……。

如此一來，便可三個月之間持續地測定基礎體溫，形成整齊規律的圖表，可以掌握「排卵預測日」。

之後，若在老師贈送給我且加註<選擇生男生女可能日>的記號的生理周期日曆上，加上了排卵日預測日，便可瞭解正好一個月之後會有機會日（選擇生男生女實行日）。

「喂，從今以後我每天給你做冷的毛豆，以及許多乾松魚吧！」

在這樣的情況之下，雖在作為選擇生男生女目標日的日子，精神飽滿地度過一天，但是，不安並未逐漸消失而去。

這是我身體狀況上的問題。

因為我的第一次生產是難產，然而，產後的身體狀況恢復，在那時候還不能說是非常完全。

丈夫擔心著此事。便說：

「也許生理周期稍微錯亂了。」

雖然他一再提出諸如此類的疑問，想要找出問題所在，但結果我們成功了。

之後我們瞭解，人的生理周期即使發生偏

差了，仍會再次恢復原狀。

而且，我一直認為活用生理周期的「中垣式選擇生男生女法」的成功率，是不是應超過八十％呢？

拜生理周期日曆之賜而有了兒子——伊東廣實（假名，當時三十一歲）

開始實踐「選擇生男生女法」之後，我有了「將命運全委諸於上天」、「任憑上天的安排」這樣的微妙心情。

自從在雜誌上發現選擇生男生女的報導開始，我也一直想要嘗試實行看看。

在我拿在手裡的雜誌上，刊登了中垣先生這樣一段話：「利用生理周期選擇生男生女法便成為可能的事」，而老師的連絡處也被介紹出來。

當時三十一歲的我，已有兩個女兒。

「將來希望只有一個孩子。如果這一次是兒子那就好了！」

雖然當初懷第一個孩子時，無論丈夫或我都有同樣的想法，但對同住的公公及婆婆說不出口，因為我們認為，比起我們公公及婆婆更是一直期望一個健壯的男孫。

我除了中垣老師的「選擇生男生女法」之外，也閱讀各種的書籍，對選擇生男生女抱有興趣，所以，當我說出「快要再有一個孩子」這樣的話時，丈夫毅然決然地提議說：

「我說啊，這一次真希望是兒子呢！所以我們商量一下，試一試根據生理周期而進行的選擇生男生女好不好？」

在這個社會上，為了擁有事業的後繼者，或者，為了延續歷代的後嗣，無論如何都希望擁有兒子的人非常的多。如果相較於這種人，那麼，我的願望只是單純的想要擁有兒子而已。然而，我也認為有兒子一事，無論在任何地方都是很普遍的事情。

當然也有這樣的事情，取得丈夫的同意，決心好好地為了目標而努力的時候，以及實踐選擇生男生女之中，都有「一切全憑上天的安排吧！」的想法。

選擇生男生女本身並不會形成過度的神經質，可以悠然自得等待生產的日子。

中垣老師所發明的「三步驟方式」，我認為它比起任何方法更為「安全」，是因為它完全不使用藥物之類的東西，所以全然沒有給予母體的影響，不會造成副作用，它是順其自然的方法，不需診察身體。

但是，我特別有興趣的是，選擇生男生女法的基本——生理周期的理論本身，所以我自己試著製作生理周期日曆。計算方法非常簡單，因此，竟製作了二年份。

特別困難的事情，是在圖表上畫入「曲線」的時候，愈是想要畫出整齊漂亮的曲線，就愈是畫得扭扭曲曲，或是，有利期與不利期的曲線不平衡……。由於我未直接接受老師的指導，就想要進行選擇生男生女法，因此儘可能地嘗試獨力製作自己的生理周期日曆。

就老師在雜誌之中的指導法而言，最初他提到，請製作半年份的生理周期日曆。他說，在此期間，一般來說都會有一～兩次為了「實行選擇生男生女法而存在的預定日」。

我之所以竟製作了二年份的生理周期日曆，只是因為在製作期間一直感到很有趣。尤其是在將從基礎體溫表讀取的「排卵預定日」記入曆表時，內心更是興奮莫名，心跳不已，既擔心又期待，不知有幾天是排卵預定日啦，如果完全沒有，那該如何是好啦……。

接著，我一邊凝視著親手製的生理周期日曆，一邊期待著與先生共同完成目標的那一天，一邊研究關於飲食的管理及行房的方法，一邊過日子。

那一天逐漸地逼近了。因為有一點忐忑不安，所以最後取下了電話筒，以免受人打擾，壞了好事。

「老師，我在想如果有何差錯，那就令人擔心了……」

我請中垣老師立即將記入我受孕男胎的可能性較高的期間，製作成我六月份的生理周期日曆，寄來一份給我。

結果，一對照來看，我的天啊，和我拼命製作的生理周期上所載入的期是一樣的。

然後，在按照預定日之後，直到知道懷孕、生產的那一天為止，無論我或先生都像其他什麼事都沒有似的，可以以悠閒自得的心情過日子。

一九八八年八月六日，期望之中的長子出生了。父母親並不聰明，但卻生出一個頭腦良好、健康活潑的男孩。

現在一想到我美好的經驗，就會盤算著想要將中垣老師的著作，送給弟弟及弟媳夫婦兩人，作為禮物。

另外，我想對閱讀本書的讀者說的是：「從第一個或第二個孩子開始嘗試選擇生男生女法。而在心情方面，則在生活上也保持輕鬆、放寬心情，能將凡事往好處想。」

因為想擁有二個或三個孩子，所以即使期望著：

「無論如何都希望有女兒（或是希望有兒子）。」

但我只要一考慮到自己的年齡或孩子的人數，心情就會變得不安。

托老師的福，我們來得及完成目標，老師，真是感激不盡！

因不用藥物而放心地向選擇生男生女挑戰——坂上冬子（假名，當時三十二歲）

「真糟糕喲……」

一歲四個月的女兒只有今晚啼啼哭哭，老是不讓我睡覺，連先生也只有苦笑的份，莫可奈何哪（啊，真是傷透腦筋！先生如果說：「今夜還是不行，放棄了吧，別管她，睡覺了！」那該怎麼辦……）。因此，我開始提起兒子的話題。

「喂，再等待一下吧，總有機會的……。今天啊，我請奶奶白天看家。你瞧，今天是兒子的上課參觀日……。」

「啊，是啊。學校的情形如何，一郎很活潑吧？」

「是的，已經活潑過頭啦，到了令人難為情的程度囉。他只看到我的背影，就大叫：『媽咪，這裡，我在這裡』！手啊腳啊揮舞個不停呢！」

先生一聽到兒子的事就陷入夢境之中，沈醉不已，話題止不住地說個不停。由於明白這一點，因此我一直未提起兒子去學校的事情作為話題，但有時還是會說溜了嘴，從我口中透露了出來。

儘管如此，女兒的眼睛仍是睜得大大的，並沒有要睡覺的樣子。而時間已經十一點了，眼看著生一個兒子的美夢，計劃又要泡湯了，好不容易等到的目標又白費了。

「真希望午睡長一點啊！」

「不是要出去玩嗎？！快，走吧！」

關於這樣的事情，不曉得今晚的「儀式」會變成如何？……。女兒完全瞭解我們今晚的計劃，很想要惹我們不高興（絕不會！）。白天我們出門時，我先對婆婆說過，請她注意不要讓女兒睡午覺。

「最近，小菜名晚上老是不睡覺，連我也睡眠不足……。所以，媽媽，午覺儘量不要讓她睡，請讓她玩。」

但是，婆婆卻回說：

「呃，我想是因為睡太多，所以特意起來……。就保持原狀吧，對不起啊，今晚又要讓妳睡眠不足了。」

（天啊！好不容易逮到的機會竟又泡湯了，真是傷腦筋……）

眞是毫無辦法。我們有向婆婆提到今晚是「選擇生男生女的目標日」一事。當然，也沒有提到選擇生男生女的詳細情形。因此，先生回來時也說著諸如此類的話：

「太棒了，爹地回來囉！」

然後，抱起女兒讓先生抱一抱。

（還是不行，休息吧！媽媽也如此說。）

儘管如此，不知為何父母們總是匆匆忙忙，孩子是否也瞭解這一點呢？小菜名老是無法穩定靜下來，是否父母的情緒影響了她呢？

基於這樣的理由，那一個晚上開始進行「希望有兒子時的選擇生男生女的實踐」，是已過了淩晨一點之後的事。

先生自小菜名迎接一歲的生日開始，經常都說：「如果在一即及菜名之下有一個兒子的話，那該有多好啊！」

我也認為可以再有一個孩子。但是，如果決定這麼做的話，那也太晚了，我都已經三十二歲了，而且，和上一個孩子的年齡也差得太遠了……。

因此，我試著打電話到偶爾因閱讀某些雜誌而知道的中垣老師的所在。先生一邊說：「

即使不行也沒什麼損失，但是，如果圓滿成功，那麼也許會成功喲！」一邊給予我支持，贊成我們一試。

我也對聲稱即使不用吃藥之類，也能隨心所欲地選擇孩子性別的「中垣式選擇生男生女法」，深感興趣。由於也有「什麼時候再生一個孩子」的念頭，所以我很快地，在小菜名生日的隔天早上，打電話給老師。

接著，一件非常幸運的事情發生了，令人驚訝萬分——在向老師諮詢一個月之後，我從自己的生理周期上，知道「選擇生男生女的機會日（實行日）」來臨了。

今晚便是第一個機會日。而下一個就要相當久了。因此，不想讓得來不易的機會溜走。

「不管怎樣，加油吧！」

雖然到了如此的情況，但似乎總有什麼樣的原因，使我及先生都緊張萬分……，簡直就像新婚當初一樣，意識到彼此的存在。然而，若提到我，則甚至擔心著：「小菜名如果不醒來那就太好了，但是……。」所以，情緒也不由地湧上來。

就像這樣的情形，因為不放鬆某一部份，任其發展而去「實踐」的結果，所以即使可以受孕，選擇生男生女能否順利成功，仍會令人擔心、質疑，而一有任何挫折就死心了。這是一件幸運的事，我的次子即將誕生了。

以我的情形來說，在請中垣老師製作的六個月份生理周期日曆之中，由於最初的一個月就成功了，因此感覺似乎無法充分地感受到生理周期的效用。不過，十天之間的飲食管理夫婦兩人都應確實遵守，而且，行房的方法也是一樣。丈夫遵守「禁慾」的規則，當天連在緊張之中我也巧妙地給予他引導。那個時候兩人的緊張也許正好給我們營造了新鮮的氣氛。在此一氣氛之下，兩人相契相合，完成了生育大計。

（連母親也恨不得立刻感謝我們：「你們讓我回憶起新婚當時，真謝謝！」）

而我要感謝的是中垣老師。

烹調選擇生男生女的特別餐生下直系第十代

——服部美智子（假名，當時三十歲）

看到中垣老師談論有關選擇生男生女的雜誌，我竟有了飛上天的念頭，雀躍不已。這對我而言，絕不是過度的表現（由於再想生孩子的心情，因此看到雜誌便忘了形）。

之所以如此說，是因為決定結婚時曾說過：

「孩子，我只要生三個為止。」

直到生三個孩子是沒有什麼大問題，但曾經花費了相當大的精神、心思，那是為了孩子的「性別」問題。

無論如何，在第二個孩子之前，我是以悠閒自在的心情去迎接生產，但接在長女之後出生的，竟又是女兒。當然對於可愛的女娃娃的誕生，全家人都興奮不已。

後來，次女快要二歲時，我的心中逐漸開始向神明祈禱，說著：「希望有第三個孩子」。這一次如果生個男娃娃，那就太好了……。

原因是丈夫這一方有「傳宗接代」的問題。儘管我很清楚地明白這一點，但以丈夫為第九代的家譜仍被描繪出來。

也就是說，「希望有直系嫡傳的第十代後人」之意。但是，丈夫從不將此事說出口，從未向我提起(丈夫的體貼)。

對著太太要求：「希望生一個男孩。」是非常殘酷的事情。

孩子的數目，從一開始即決定生到三個為止，所以，即使是我「這一次再不生男孩的話……」的想法也格外顯著，特別著急。

因為這樣的原委，我決定接受中垣老師的指導。

由於聽說人的生理周期是與出生時同時展開，因此，我對於有關自己生理周期的問題從不曾放在心上。因為，並沒有奇怪的情形，一切似乎都很正常。

將老師製作給我的生理周期日曆拿在手上，我立刻記入「排卵預定日」，並持續地記錄。

「沒問題，有了，有了！」

那一刻，我和先生簡直就像有什麼天大的樂事，期待著「目標日」的來臨一樣，興奮極了。

而且，自從那一天之後的每天，我們遵照老師的指導，朝向目標，每天都不斷地「努力、努力」。

無論如何，知道為了生兒子而正在實踐「選擇生男生女法」之中的人，只有先生而已，對同住的公公婆婆及老奶奶都未提到任何事情。

在這樣的狀態之中，我們家一天的三餐全家人都到齊聚餐，所以非常辛苦。

甚至連「選擇生男生女實行日」十天之後的菜色也是問題。每天一個人匆匆促促忙亂成一團，關在廚房裡不得離開。

不管怎麼樣，對於先生以魚或肉等動物性蛋白質的菜色為主，至於我這一方面，由於必須以素食為中心，所以非常麻煩費事。再者，所謂的「選擇生男生女法」，為了不造成區別，必須像平日一樣，烹調老奶奶、公公、婆婆及孩子們的三餐。這種辛勞，有誰能體會呢？

我一邊注意不被周遭的人發現，一邊持續在十天之間製作目標日的特別菜色。這是不想使丈夫家的香火不在第九代時就終止、後繼無人的某種萬不得已的想法。這些事情，現在只要一凝視著已十二歲的兒子，都會令人眷戀地回想起來。

像我這樣，除了丈夫以外未向同住在一起的家人說，而想要實行「選擇生男生女法」的人，大概有很多吧。或許，甚至也有不與丈夫討論商量的人也不一定。

作為在選擇生男生女法獲得成功的前輩，由我向這一類的人談論的事情，首先是「若向中垣老師諮詢將會如何？」這個問題。老師本身也在選擇生男生女，竟二次都成功，至於其他方面，也一直看見許多各種不同成功的例子。老師說道：

「決定性別的機率，原本是各佔一半（因為只有男與女兩種性別），因為將此機率提高為八十％，所以與其什麼事都不做，不如做做看來得更好。」

苦惱的人，努力地嘗試一下吧！

生第三個小兒子連丈夫也大喜過望——和田佳子（假名，當時三十歲）

由於已是十一年之前的事情，因此對於為了選擇孩子性別做了什麼樣的事情，細微瑣碎的部份都不太記得了。

不過，決心要嘗試選擇生男生女法，那時候的種種，即使到現在仍記得一清二楚。

我記得那是偶爾看到婦女雜誌（像在美容院看到的雜誌一樣，有這樣的感覺），一頁一頁迅速地翻著雜誌時的事。那個時候，我忽然看到的是中垣老師的報導。

我記得大概是提到「我以生理周期進行選擇生男生女」之類的內容。「所謂的『以生理周期選擇孩子的性別』是什麼呢？如果自己可以實行，那我也想來實行看看……。」

當時，我已有八歲及五歲的女兒。

丈夫與我並未特別決定孩子生到兩個為止，所以當我試著探詢丈夫的意向：「喂，我好希望有孩子喲。」他回答了兩次「好啊！」

因為閱讀雜誌時在我的心中已經心動了：「想實踐選擇生男生女法看看！」所以在得到丈夫的同意之後，我立刻採取行動。我馬上打電話給中垣老師。甚至持續測量基礎體溫三個月之久。

然後，在請老師製作給我的生理周期表上，寫上「排卵預定日」，接著就光是等待「選擇生男生女法」，不管其他的事情……。

我之所以沒有清楚地記住細微瑣碎的事情，也許是因為，並未由於家庭的情況而產生「絕對希望有一個兒子」之類，甚至可以說是悲壯的心情。因為這個緣故，在我的內心之中，老實說彷彿覺得有「半認真半開玩笑」的成分。

接著，一旦實踐了選擇生男生女法，連懷孕期間都平安無事地度過，愈來愈接近生產期。

「恭喜！是一個健康活潑的男孩呢！」

給予我第一聲祝福語言的，是偶然認識的住在附近的護士小姐。那個時候，我本身感覺很冷靜，但首先浮現腦海的是如此的念頭：

「先生一定很高興吧……」

那是超乎想像的喜悅。對男人而言，所謂的兒子，簡直是自己的另一部份——他們大概都是這麼想的吧……。他們對兒子，像再也沒有超過這份愛的人一樣地疼愛著。

之所以如此說，是因為在連續兩個女兒之後兒子的誕生，不僅是先生而已，全家人都為我帶來溫暖的幸福，連家庭之中的氣氛也比以往更加明朗快活，似乎是嶄新的新氣象。

那個時候，帶給我們幸福的兒子，現在竟是小學六年級的學生了。

雖然先生寵愛兒子的情形稍微恢復了平靜，但是儘管如此，一到了假日，他就說：「請准許我們繞一圈嘛！」然後父子兩人便開車兜風去了，享受父子獨處的時光，令我好生嫉妒又好生羨慕。

那一刻，無論先生或兒子都似乎非常快樂。我一看到如此父子的背影，就想到：「那個時候幾乎不知道任何有關選擇生男生女的內容，卻下定決心要做呢……。」

甚至也認為，決心實踐選擇生男生女一事「真是太好了！」

先生是經營電器行，有時一有公會的聚會，他就大聲嚷嚷地宣傳著：

「我們家的兒子是在『選擇生男生女』上獲得成功而出生的喲。」

他似乎正在向年輕的夫婦說明，指導給他們有關選擇生男生女的方法。

現在可以肯定地說，按照希望而幸運獲賜男孩的這個家庭，已變得更加明朗快活，當時試著去實踐，真是太好了！而且，直到現在為止，先生仍打從心底感激我呢！

我們在選擇生女孩上獲得成功

最後一次生產，希望是適合穿粉紅色洋裝的女孩

——寺島幸子（假名，當時三十歲）

「穿著粉紅色的洋裝，孤伶伶地坐在鋼琴前面……」

距今十一年前，我之所以想著：「如果生女孩那就太美妙了！」是因為連在夢中也出現

這樣的景象，實在太渴望有女兒了。我的興趣曾是洋裁，我甚至想到：「如果生一個女兒，那就讓她學鋼琴，在發表會的舞台上，給她穿著我所裁製的粉紅色洋裝。」

很快地，在選擇生男生女上獲得成功的女兒，已經十一歲了。我甚至想著，什麼時候將當時如此夢想生女兒的熱衷情形說給女兒聽。

但是，這樣的動機，也許會被認為只是我一廂情願、一意孤行，無法得到女兒的諒解。不過，選擇孩子的性別也曾是丈夫的希望。

丈夫是在四個兄弟的環境之中成長，連我們家也是由兩個男孩所構成的家庭。因此，我在與丈夫商量時說：

「一活用生理周期，似乎就能選擇生男生女喲，我們試一試好不好？」

「生理周期？我知道這個，這會給予選擇生男生女影響……。嗯，也許是如此吧，不是很好嗎？」

由於丈夫回覆我如此的答案，因此我們決定即刻實行。

首先，我從測定基礎體溫開始著手。

平日我都將體溫計放在枕邊再就寢，醒來時，也就最先將體溫計放入口中。雖然是剛剛醒來，還處於睡眼惺松的狀態，但是，這卻是「為了達成目的的關鍵性五分鐘」。

每天早上都這樣做，就像一種「習慣」一般，即使是朦朦朧朧尚未清醒過來，體溫計仍會為我記錄確實的刻度。

一辦完早上最重要的工作，接著就是早餐的準備！

現在一回想起來，就覺得連我都可每天每天努力地做（那個時候，由於認為這是我最後一次生產，因此，也有不讓好不容易得來的機會溜走的想法）。

接下來的「努力」，是飲食的管理。

無論如何，我甚至不能說是一個素食主義者，但反正是不折不扣的素食愛好者，丈夫相反地非常喜歡生魚片及肉食。

希望擁有女兒時候，正如各位所知道的，我們夫婦兩人都非得以完全棘手的菜色為主，去攝取食物不可。雖然這僅僅是十天之間的忍耐，但因為有兩人一致都挑剔不吃的菜色，所以準備飲食是一件有點兒辛苦的事情。——我經常烹調不使用蛋的油炸蔬菜給丈夫吃。

然後，在被醫師告知懷孕的那一天，丈夫的第一句話是：

「啊，生產那一天即將來臨了！」

這就是與我一起，約一年之間一直遵守中垣老師的指導的丈夫。

另一方面，我這一邊與生前面對兩個孩子時一樣，害喜的期間很長，從懷孕到生產那一刻為止，都拖拖拉拉地持續著，好像沒完沒了似的，覺得非常辛苦。

接著，平安無事地生下女兒。

「媽咪，因為縫紉機壞了，妳幫我做洋裝好不好？」

這是丈夫的打趣話語，想要逗我一笑。

而且，相距八歲的長子也經常揹著妹妹去玩。就像我想要讓妹妹穿上粉紅色的洋裝一樣，不知是否對長子而言也是年齡相差懸殊的緣故，妹妹似乎非常可愛。

我現在打算將我們夫婦所經歷過的種種，在將來說給孩子們聽。

等到孩子長大成人，也擁有自己的孩子時，如果連續出生兩個或三個同樣性別的孩子，那我就打算請他們嘗試中垣老師的「以生理周期選擇生男生女法」看看（啊，就是如此。因為前面兩個是兒子，所以必須和媳婦商量才行呢）。

順帶一提，一旦試著已是大學生的長子提到：

「有這樣的方法，可以隨心所欲地選擇生男孩或生女孩喲！」

兒子只是笑而不答。

不知是否已知道這個方法？……

第三個是期待中的女兒，因此老後大可放心

——原喜和子（假名，當時三十一歲）

「選擇生男生女實行日的前一天，我飽餐了一頓燒豬排。如願以償地生下一個女兒，也許是因為這個緣故吧?!」

事實上，我對烹調肉類感到棘手，在一個月之內，連一次都沒有吃過肉類，因為從不吃肉類，甚至不會烹調……。

這種情形，愈來愈接近實行日的前一天，不知為何總覺得在夢中吃了肉。因為連在夢中也一邊認為「好吃」，一邊吃肉，真不可思議。

朝著一個目標而努力時，竟發生了令人意想不到的事情。尤其是有了對象（丈夫），他那一邊也明白要拼命實行的時候，也許自己會愈發努力也說不定。

但是，我希望有一個女兒，是來自於在職場上工作的經驗，才認為女兒比較貼心、比較孝順。

我在老人之家工作。

在俗稱的養老院之中，每天都有許多人前來會面。但是，訪客佔壓倒性多數是女性，女兒、親戚裡的女性、朋友裡的女性……。儘管如此，也僅有女性的身影，卻幾乎看不見男性的影子。

屢次看見這樣的情景，我無端地考慮起自己將來的種種，是不是也要像那些老人家們一樣，老後孤單無依？

我家有兩個兒子。兩個原本都非常可愛，也經常聽到別人稱讚他們，所以認為他們很活潑健康。但是，只要一開始想到幾十年之後兩人不知哪一個有意外……，心裡就不知為何，不由得變得極為不安，總覺得放不下心……。

這也是自己一廂情願的想法，但我特別對選擇生男生女法抱有興趣，是因為有如此的理由。

簡單地說，即是擔心老後的生活。這種擔心我想任何人都有，但像我這樣，對一個每天看著許多老年人的情形而生活的人而言，就會視為非常切身的問題而加以接受。

我仍屬於三十歲一代，也有朋友說：

「已擔心這樣的事情，真是庸人自擾、杞人憂天啊！」

但是，如果有所準備，以防萬一，那就不用擔心憂愁了，與其什麼都不做，不如有備無患來得更好。——基於如此的想法，我決定嘗試實行選擇生男生女法看看。

事實上，我雖然決心實行選擇生男生女法，但實際情形卻是無法每天清清楚楚地記錄基礎體溫。對要上班的我而言，要在一年之間毫不遺漏地測量每天早上的體溫，是一件非常辛苦的大工程。

不過，以我的情形來說，由於生理周期經常都以有規律的周期來潮，因此很容易作預測下一次大概何時來潮。──現在想起來，竟覺得自己在做一件十分危險的事情……。

自此以後隔了一陣子，當自己發現：「啊，好像有了！」我立刻去醫院。

「果然沒錯！」

我懷孕已三個月了。

從那一天起，我每天都不斷地祈禱著：「請讓我生一個女兒！」那一刻，我並不是考慮著如果又是兒子那將怎麼辦，而是一直努力地想著「讓我生女兒，生女兒！」

從我的經驗去考量，連這樣的心理要素，也非科學層面上的問題，但我似乎覺得，作為使選擇生男生女法成功的要因，這些心理要素有不小的關係。

發現懷孕之前，我幾乎沒有一天不想著：

「這一次如果又是兒子那可如何是好……。」

因此，要使懷有如此心情的人突然改變過來，有一點辛苦。

我想有過生產經驗的人，就會明瞭這種心情，但在懷孕的期待及不安之中，有著複雜的因素。這種心情，像我這樣有著無論如何都希望有女兒的強烈願意，也更容易感到迷惑、困擾。

因此，坦白說自懷孕四個半月起我就忐忑不安，一到了第五個月開始時，當聽到可以檢查胎兒的性別，我也認真地考慮是否應該請醫師診察。

現在一想起來，我認為不做那樣的事才是真正正確妥當的。之所以如此說，是因為如果這麼做，那麼也許會有考慮「中止」的情形……。

一寫出這樣的情形，也許就會給予人我的選擇生男生女法經驗談「似乎有點兒辛苦」之類的印象。但是，完全沒有發生這樣的情形。

為什麼？原因是我現在正想再一次實踐中垣先生的生理周期選擇生男生女法，而這一次也希望再生一個女兒。

平日對烹調肉和魚完全不擅長的妻子，以及非常喜歡肉、魚和蛋的丈夫，這樣的兩個人，卻的的確確地如願以償獲得上天賞賜的女兒。我們從選擇生男生女實行日恰好十天之前起，最好是考慮以兩人各自必要的食品為主的菜單，努力地吃這些食品。

而且，前一天是我的烤肉大會！這個正是選擇生男生女法的神祕之處！因為自前年的九月長女誕生之後，已超過一年之久，但我卻幾乎未吃肉類（牛肉或豬肉）……。

生理不順、偏食，仍在選擇生女上獲得成功

——齋藤壽美子（假名，當時二十九歲）

在我家附近有許多只有一個兒子加上父母的三口之家，看看這樣的家庭，我經常與丈夫說：

「真是太好了，我們家有兒子又有女兒。」

儘管如此，在知道生男生女可以隨心所欲之後，我們實際地嘗試，是在做了心情的調適之後才開始。

也就是說，決心根據中垣老師的指導，利用「三步驟方式」試著進行選擇生男生女的方法，是在兩人習慣於「即使不能如願以償得到期望中的性別的孩子，那也無可奈何，不要後悔」的心情時。

那個時候，在我們家已有分別為四歲及兩歲的兩個男孩。因此，無論我或丈夫都希望有一個女孩。說是「希望」，這個想法其實是非常認真的。

因此，在如此的時期嘗試選擇生男生女法，萬一失敗的話，就會認為：「一定會受到打

擊吧，再者，如果以這樣的心情去迎接孩子的誕生，那就對不起那個孩子，在良心上過不去哪！」所以，應在慢慢地仔細思量之後才下決定實行。

然後，如此認真的我們，如願以償地得到一個寶貝女兒。

但是，我決定實踐選擇生男生女法之後最擔心的是，平日就有「生理不順」的毛病，而且，決定想做選擇生男生女法之後，開始在意此事，不知是否會因為精神上的原因而導致格外的不順。

但是，中垣老師為我解說，即使是生理不順的人也能選擇生男生女。

因此，連我也安心下來，決定實行它。

從次子的哺乳期結束了，無論在時間上或心情上，都多出一些餘裕時開始，有一年之間我每天早上都持續地測量基礎體溫。可是，雖可以說哺乳期結束了，但由於孩子還小，早上一醒來之後，就立刻將體溫計放入口中而一直含著，是非常辛苦而窒礙難行，小孩總是讓人有忙不完的事情。也因為一醒來，不知何故孩子也起來了，所以最後仍無以為繼……。

然後經過數個月之後，我一看基礎體溫表，天啊，即使生理不順，仍可作預測「排卵日」大約在何時。

我認為，這是拜經過長期養成畫圖表習慣之賜。在此之前，由於我的生理周期不平衡，因此我也許是專斷地認定「自己生理不順」（在各位之中，或許也有像我這樣的人，但只要經過某種程度的長期試著畫圖表，則出乎意料地，也許會有自我形式的周期出現）。

因此，當我的六個月份生理周期日曆由老師處寄來時，我已能深具信心，將「排卵預定日」記入其中。

此時內心怦怦跳的心情，即使到現在也無法忘懷。丈夫一邊說：「從生理周期所知道的選擇生男生女可能日與排卵日一致的日子，是什麼時候？」一邊認真地記入圖表之中。

而且，因為有確實重要的日子，所以便以那一天作為目標，接著是開始注意飲食的管理及行房的控制。

希望有女孩的時候，女性方面必須以酸性食品為主，因此，這對我來說是有點辛苦的事情。

無論如何，我非常喜愛魚類，但卻是不太吃肉類的人……。但是，我已盡力而為了，每天都一點一點地排定食用加肉類的菜色。

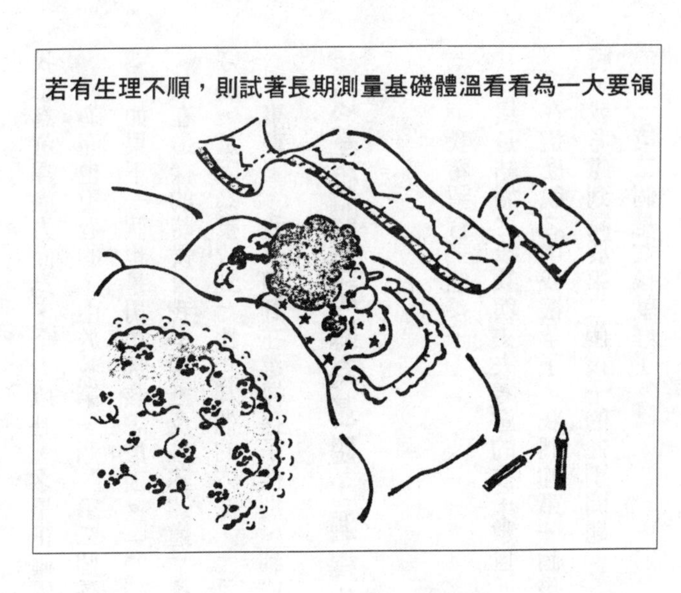

若有生理不順，則試著長期測量基礎體溫看看為一大要領

另一方面，丈夫方面和我正好相反，因此便以鹼性食品為主，肉類或魚類徹底不能食用，作為一個肉食主義者，這似乎很難受。

像這樣，在我們實踐選擇生男生女法的期間，有「幾個讓步？」的擔心，但結果能如願以償地獲得女兒，因此這些辛勞，直到現在仍作為美好的回憶而保留著。

「如此地不安的因素全備齊了，但卻……，即使實踐選擇生男生女法，一旦失敗了，那就後悔莫及了，所以算了吧……」

諸如此類的疑惑，無論丈夫或我都不說出口，但認為這樣的確是正確妥當的。

另外，儘管中垣老師的「三步驟方式」並無百分之百的成功機率，但與其什麼都不做，我認為選擇盡力而為，全力以赴，才是正確妥當的。

前面也說過的，由於我第一個、第二個孩子都是男孩，甚至曾有一段時期切實地煩惱著：「如果下一個也是男孩那該怎麼辦。」

在這樣的時候，我從報紙及雜誌知道「選擇生男生女法」的事情。我注意到中垣老師的方法，是因為接收到「比起其他的方法，『選擇生男生女法』的機率比較高」之類的感覺。

事實上，我一想到在選擇孩子性別，到成功一事，心中就充滿了對老師的感激之情。

以基礎體溫記錄為基礎，選擇生男生女獲得成功

——田島富貴子（假名，當時三十歲）

「我希望有三個孩子！」

這是結婚之後我與丈夫考慮的孩子數目。

在這麼說之中我懷孕了，我們的第一個孩子是男孩。長子活潑健康地成長著，到了二歲時，我考慮到關於第二個孩子的性別問題。

「第二個是女孩就好了。」

我不知為何不由地期待著，但根據懷孕中的超音波診斷，知道肚子裡的孩子是男孩。當然，如果能平平安安地出生，那麼無論男孩或女孩都很好，但是……。

在我的肚子裡，「次子」不斷地迅速成長。我的身體狀況也處於絕佳的狀態，每天，我帶著長子去購物或散步，之後便只是等待次子降臨的日子……。

我知道指導「選擇生男生女法」的老師，便是在這樣的時候。某一天，在靠近位於超級市場旁邊的書店時，發生了這樣的事情。

雖不是要生第一個孩子，但我一尋找書籍想要看看有否刊登關於應如何養育子女之內容的書籍，卻遍尋不著，再搜尋雜誌，就看見了「選擇生男生女法」的字眼。

「呃？」

那個時候，因為肚子裡有「次子」，所以在心中想著：「有一點太遲了！」

坦白說，我當時的確是這麼想的，而我最希望的是生一個女兒，知道這個方法卻為時已晚。

而後，在次子一歲六個月左右時，我剛剛等待到丈夫說這句話：「希望有第三個孩子。這個孩子如果是女孩就好了！」便試著實行「選擇生男生女法」的內容。

「不要做對身體勉強的事，無論如何都有安全的方法。不管怎麼樣，好像和所謂的女性的『生理周期』大有關係喲！」

丈夫並沒有反對我實行這個方法。

丈夫大概是知道「生理周期」這個名詞的樣子。

希望有三個孩子——即使這個願望，在長子進入小學就讀之前生第三個，仍是我們夫妻的目標。因此，我們即刻實行，刻不容緩。

很幸運地，因為我將養成測量基礎體溫習慣當作日課一樣，每天都做（也許是因為有生三個孩子之目標的緣故吧），所以立刻知道排卵預測日為何時。

因此，我立刻在請中垣老師製作給我的生理周期日曆上記入排卵日。

但是，很傷腦筋，在我的生理周期所顯現的「選擇生女孩的可能日」與「排卵預定日」，符合一致的日子一次也沒有。

將「生理周期日曆」拿去接受六個月期間的檢查。在六個月之間竟一天都沒有，心情真是焦急透了。

無論如何，因為曾經想要在長子進入小學就讀之前生第三個孩子……，而後，我決定再一次向老師諮詢。

「那麼，我幫妳添加一個不能說可以生男孩或女孩的期間吧！」（請參照二三九頁終章Q＆A）

在此期間內，我有了身孕！

在第二次向老師諮詢，數個月後的生理周期日曆之中，有「選擇生男生女機會日」（不能說是男孩或女孩）。

然後，我獲得一個千盼萬望的女孩。

知道自己懷孕時，和長子及次子時一樣的，我心中想著孩子的性別無論男女都好，只要能讓我順利地生產就好。

這種心情，直到生產為止都未改變。儘管以往不瞭解要如何去實行選擇生男生女法，但是，仍有如此程度的想法：

「或許不能實現希望也不一定……」

因此，當知道生下一個女兒時，我高興得幾乎說不出話來。

我雖然實踐了選擇生男生女法，也一直遵守飲食的管理及行房的方法，但特別重視的畢竟還是「生理周期的活用」。

由於藉由一點點的心思便在選擇生男生女法上獲得成功（僅僅養成測量基礎體溫的習慣），因此便有了這樣的心情：

「如果有什麽人苦惱於用什麽方法的話，真希望教給他們。」

再說，像我這樣不太能為了生產而花費時間的人（急於生產的人），在選定實行選擇生男生女法的預定日，像根據生理周期發現生男生女可能日及排卵日沒有一致的日子之時，便會心想：「男孩？女孩？將兩者不敢確定的期間作為選擇生男生女法實行日，則兩都都成功的可能性就不小了，不是嗎？」

＊四四頁～八〇頁所介紹的經驗談，是以過去十五年之間，從寄到我手邊的有親身經驗者們的信函為基本而構成的。年齡是實踐選擇生男生女法當時的年齡。姓名則是用假名代替。

第二章

成功地導引選擇生男生女法的「三步驟方式」

首先，請事先明瞭生理周期的基本常識

菲利士博士所發現的「具有一定周期的身體節奏」

在奧地利的精神分析醫師弗洛依德的親密友人之中，有一位德國籍的耳鼻喉科醫師菲利士博士。自一八八七年起約十五年之間，兩人來往互通了數封信函。在從弗洛依德寄給菲利士博士的信函之中，關於「夢」有如下的敍述：

「……她在夢境之中喊叫著所有飲食的菜單。『布丁、草莓、野草莓、軟煎蛋捲、甜點』——完全都是童言童語。」

因弗洛依德厭惡小雞肉，他便問博士：『為了節日，雞肉的晚餐是必要的。博士啊！我們應如何做才好呢？』

博士回答道：『請宰殺公雞』，弗洛依德又問：『但是若這麼做母雞也許會傷嘆吧。』博士回答：『請莫任意地嘆息。』（根據《弗洛依德的烹飪食譜》一書）。

只要一讀任何一句，便可從這樣的信函之中，發現有好幾段可以視為對弗洛依德的精神

生理周期的發現，是從患者疾病症狀的周期開始

造成影響的話語。

順帶一提，弗洛依德寄給菲利士博士的信函，由弗洛依德的女兒安娜及安娜的友人馬利・波那巴厄狄加以歸納整理，被英譯為《精神分析的起源：西格蒙・弗洛依德的書簡》。再者，為鼻疾而苦惱的弗洛依德，因為這個原因而經常焦慮不安，且導致神經官能症。對於如此的弗洛依德，醫師菲利士指導說：「請使用痲醉劑（古柯鹼）。」並警告他注意因吸菸過度而引起的咽喉癌。

至於一般認為給予弗洛伊德重大影響的菲利士，究竟是一個怎樣的人呢？還有與生理周期又是什麼樣的關係呢？

菲利士是在柏林開業的醫師。他還一邊在

柏林大學醫學院擔任耳鼻喉科的講師，一邊擔任柏林市衛生局長及德國科學協會會長。

一八八七年，他在診視衆多患者之際，發現到「人類具有與生俱來的，有著一定周期的身體節奏」一事。舉例而言，因前來治療的幼兒的發病都在規律性的周期引起，他發現了友人弗洛依德鼻子黏膜的變化也有周期性。

到了一九六〇年也借助於根據數字家的分析而得的結果，發表了「人無論是誰都有男女兩性的性質」的看法。這兩種性質是以二十三為一周期的男性要因（精力、耐力、勇氣等肉體層面），以及以二十八為一周期的女性要因（直覺、愛等感受性或感情面）。

更進一步也報告說，這兩種性質的周期，對生命而言是基本的東西，在人的一生之中，從肉體、精神兩方面給予活力影響（指八十八頁的狀況良好期及狀況不佳期而言）。你已經瞭解了嗎？菲利士博士正是「生理周期的先驅者」。

還有，我長期以來連綴菲利士與弗洛依德的關係，也看到一節關於菲利士博士的資料，所以也認同兩人的關係匪淺，同意也是生理周期的先驅者。

「如果菲利士博士與弗洛依德並非親友的關係，那麼，其終生研究的志業『生命的節奏——生物學詳論』或許會未公諸於世便無疾而終。弗洛依德在數年之間打破了生物學的瓶頸

，重新開出一條新徑。」（根據《生物周鐘》一書）

從兩個節奏被發現的「必須注意日」

但是，應該稱為生理周期的先驅者，其實是另一個人。

他便是維也納大學的心理學教授赫爾曼•史華波旦博士。

史華波旦博士認為：「人類的感情、行為、思考的變化之中是不是有節奏？」這個想法的提出，正好與在柏林的菲利士博士所提到的理論「人體之中具有與生俱來的一定節奏」是同一時期。維也納與柏林距離不到五百公里。這或許僅是偶然吧?!

他閱讀了菲利士所發表的「人類具有兩性因子」這篇論文，而且他還主張：「支配名為男性的精力及耐力的肉體面的周期，為二十三日，而支配可稱為女性特徵的感受性及感情面的周期，為每隔二十八天反覆循環。」（根據《生理周期是什麼?》一書）

因為史華波旦博士是心理學家，所以使「人類的行為及感情具有周期性」的研究更進一步地發展下去，這些周期與「給予人類什麼影響?」以及「此一周期能預先計算出來嗎?」等研究有所關聯。而且，最終若連生日也知道，則可考慮能知道一生的「必須注意日」的計算尺。如上所述，與柏林的菲利士博士的研究約略同一時期，在維也納，史華波旦博士也從事著相同主題的研究。

雖然是題外話，但是在此仍需一提。在前述的《弗洛依德的烹飪讀本》之中，有一段是說：「雖然放在嘴上很遺憾的事，但使咱們的友情以充滿最大痛苦的形式結束的，卻是此一學說（菲利士博士的『周期性的法則』）的緣故。由於我（弗洛依德）的患者之一在菲利士本身要發表之前已剽竊了他的兩性學說，因此『洩漏機密』是我（弗洛依德）的緣故啊！」那麼，所謂的患者之一，果真是指史華波旦博士而言嗎？

根據瑞士數學家而來的「簡單知道『必須注意日』計算表」

不過，關於菲利士博士的計算表尚未談及。

菲利士博士也發表了為了知道一個人的「必須注意日」的計算表。然而，這個計算表非常複雜，且計算方法十分麻煩。為此，計算表未被實用化，並不普遍，可是此事也似乎形成一個原因，使生理周期要廣為推行、達到普及化，需花費時日並非一蹴可幾的事。

至於，現在我在選擇生男生女法的「三步驟方式」上所使用的計算表（下一節所談論的

史華波日博士的生理周期計算表及
H・R・菲利士先生的生理周期計算機

根據≪這是妳的日子嗎？≫
（G・S・THOMMEN）一書

數値表），既不是菲利士博士的計算表，也不是史華波旦的計算表。

這是瑞士的數學家亨斯・R・菲琉爾先生的計算表。

然而，這個計算表並非菲琉爾先生所原創的計算表之意，而是以德國不來梅大學的工學博士阿爾弗萊德・喬特所發明的計算表為根本，而被改艮成的計算表。

喬特博士發明容易算出人類的周期性的計算表，他本身的目的，在於培養運動選手。

也就是說，在觀察選手的記錄，研究他們身體狀況的艮好及不佳的變化之中，發明了「決定與選手的生日及舉行競技比賽的日子的關聯性的計算表」。藉由此一計算表，若能知道競技比賽的日程，則選手在那一天或許就會增添「大拼一場！」的自信（但是，從一開頭那一天就出現狀況不佳情形的選手，又將如何呢？）

這種喬特博士的計算表，被稱為「簡易計算表」，與菲利士博士或史華波旦博士所費心研究的計算表相較，可以相當簡單地計算出來。而且，菲琉爾先生更進一步地將此一計算表加以簡化。一一一頁的計算範本，是使用菲琉爾的計算表而算出。

現在我所使用的數值表，即是這種菲琉爾的計算表。若知道正確的出生年月日，則無論是誰都能簡單地從此表看出自己身體狀況的良好及不佳的日子。

就像本書內所說的自己可以製作生理周期的圖表（生理周期日曆）一樣，卷末也附加了附錄，請讀者自行動手製作、記錄。不僅是以選擇生男生女法為目標的人，不管是任何人都能自行製作。而且，只要查看此表，即使有各種預定或要注意的事項，比方說長時間外出旅行、工作的成績、打高爾夫的身體狀況，由於預先可以注意警戒，因此可以避免不利情形，大可放心去做任何事。

繼「身體節奏」、「感情節奏」之後被發現的「知性節奏」

我認為雖是以往所發現的原理，但關於生理周期，無論菲利士博士或是史華波旦博士，都只發現以二十三天為一周期的男性要因（相當於身體節奏），以及以二十八天為一周期的女性要因（相當於感情節奏）而已。

但是，發表「人體之中也有知性節奏」的博士，最後出現兩人，鬧出雙包案。

其中一人，是在奧地利因斯布魯克大學工學院任教的阿爾弗萊德・戴爾查博士。

博士以五百人之多的學生為對象，實驗身體節奏及感情節奏是否實際上存在的問題？在其作業之中，他發現有不同於這兩個節奏的另一個節奏，這便是「知性節奏」。這是一九二六年的事。知性節奏的周期為三十三天。也就是說，確實遵循三十三天的周期，學生的思考能力會產生一次變化。

另外一人是美國賓夕凡尼亞大學的雷克斯法德・哈西博士。

博士作為實驗對象的是二十五名熟練的鐵路工作人員。自一九二八年起約四年之間，進行了鐵路員工們的勞動力及感情的調查。其結果不僅是確認了身體節奏的二十三天周期及感情節奏的二十八天周期，而且也發現了與戴爾查博士相同的，以二十三天為一周期的節奏。

換言之，當調查身體的狀況及作業的能力，在任何一個鐵路員工的圖表上，都記錄了有二十三天為一周期、二十八天為一周期、三十三天為一周期的「曲線」，形成三個波動起伏的浪頭。

第三個的三十三天周期，是表示記憶力或思考力等等，特別是知性能力狀況良好時及狀況不佳的波浪曲線。此一「知性節奏」，自從由菲利士博士及史華波旦博士發現最初的兩個節奏之後，歷經二十年以上之久才被發現。確實是「新浪潮」！

三個節奏的共通觀點

至於有關三個節奏共通觀點，則是位於超過基線以上的一周期前半段的時期，為「有利期」，表示所謂的高潮期。而位於低於基線以下的一周期後半段的時期，則為「不利期」，表示低調期。

由於「有利期」為活動期，因此是積極地從事活動的良好時期。而由於「不利期」為休息期，因此是最好不要做勉強的事，凡事都加以節制的時期。

另外，有利期與不利期的轉換日即「過渡日」（有○記號的日子），也稱為「必須注意日」，也是狀況最不佳的日子。也就是，容易發生疏忽、糊塗、引起事故的日子。

身體節奏的周期為23天

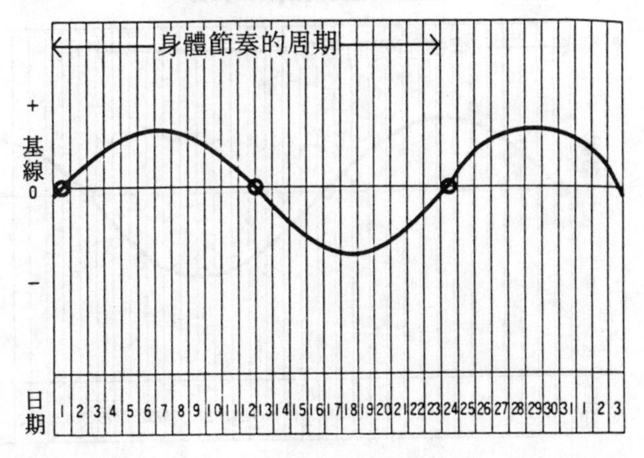

註：從第 2 天開始到第 11 天為止為有利期，從第 14 天開始到 23 天為止為不利期。○記號為必須注意日（過渡期）

身體節奏

表示精力、體力、抵抗力、耐久力的高峰、不佳

（＋）	精力狀況良好	適合於強化訓練、競技比賽、旅行、使用體力的工作，另外由於具有恢復力，因此適合於施行外科手術。
（０）	身體狀況不穩定	注意疾病發作、傷風感冒、頭痛、下痢、蕁麻疹、病症惡化、惡醉、受傷、交通事故。
（－）	精力狀況不佳	注意休養，以平常心過日子。調整體力，小心過度勞累，暴飲暴食。

感情節奏的周期為28天

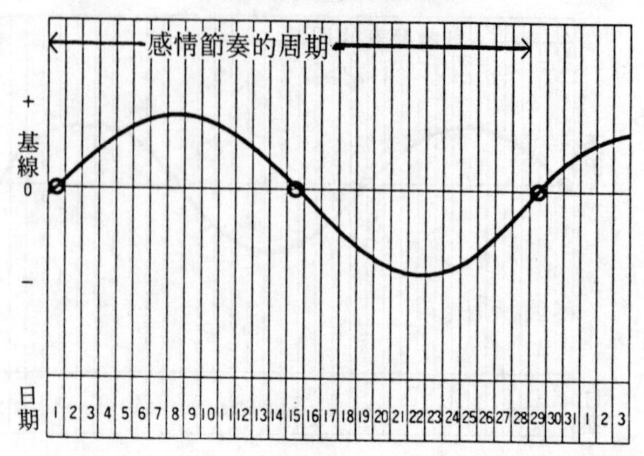

註：從第 2 天開始到第 14 天為止爲有利期，從第 16 天開始到28天為止為不利期。○記號為必須注意日（過渡期）

感情節奏

表示心情、感情、直覺、共同意識、安全性、精神力的高峰、不佳。

（＋）	氣力充實	適合於演出、考試、演講、求愛、測驗、露營、團隊工作的必要工作。
（0）	感情不穩定	注意失言、中風、爭吵、說大話、心臟病發作、安全意識降低而失去警戒心、車禍。
（－）	氣力減退	以處理雜物為中心，平凡地度日對人際關係慎重行事。不要過於介意勝負。

知性節奏的周期為33天

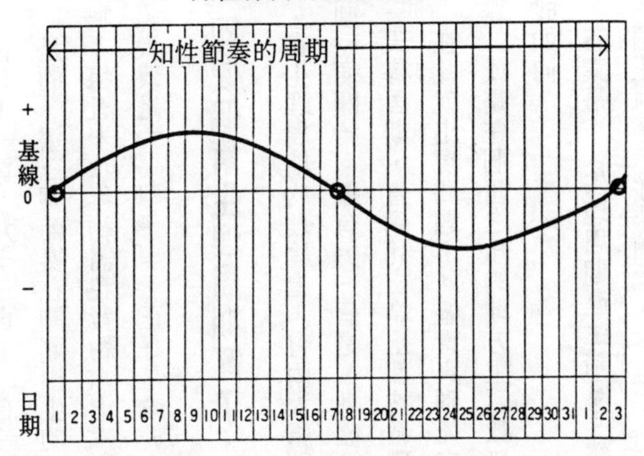

註：從第2天開始到第16天為止為有利期，從第19天開始到33天為止為不利期。○記號為必須注意日（過渡期）

知性節奏

表示智力、思考力、判斷力、集中力、記憶力的高峰、不佳。

（＋）	思考力狀況良好	最適合新事業或企畫案，樹立實驗計畫，政策的檢討、決定，不得意學科的進修，知性的作業。
（０）	智力不穩	記憶力衰退、容易健忘。注意力、集中力欠缺，避免重要決策。
（－）	思考力狀況不佳	避免資料、論據整理，過度使用頭腦。

在九十一頁～九十三頁上，有三個節奏個別的圖表，請參照。

是的，這三個節奏在剛剛出生的那一刻就開始了，那麼各周期有時會再度回到開始的原點嗎？每五十八年約需花費約六十六天（閏年約六十七天）回到開始的地點。若在日本的說法，大致是「一甲子」，正好是處於人生再度出發的階段。

即使偶爾生理周期亂了，仍可以「生理時鐘」修正

在生理周期的理論上，有兩大原則。其一是，身體、感情、知性等三個節奏是與人出生的同時便開始。還有另一個是，身體節奏的二十三天、感情節奏的二十八天、知性節奏的三十三天等周期，直到死亡為止都被循環不已。

在此就出現問題了。儘管直到死亡為止都被反覆運行，但若通宵達旦熬夜數十小時之久未睡，或是在洞窟之類的地方生活數日之久等等，一旦持續不規律的行動，則生理周期將會變成如何？

答案是——生理周期產生錯亂。然而，並不是完全錯亂了。那麼是說錯亂保持原狀，周期不循正軌了？並非如此。

生物體之內具有一定的節奏，亦即所謂的「生物時鐘」。這種時鐘並非受制於意識上的作用，而是在無意識之中具有一定的周期，被固定下來。舉例來說，從早至晚的二十四小時，或是顯現於女性的月經周期，約一個月的周期等等，都是一種「生物時鐘」的作用，而產生一定的周期。

這種生物時鐘，只要地球花費三百六十五・二五天繞行太陽一周的節奏不脫軌，就會正確無誤地運作起來。也就是說，它會使周期回到原點，不斷地循環下去。

在太陽系之中，只有一個極小的地球，而且這個地球之中，存在著宛如細菌一般的小小人類，每個人都是渺小的。若從如此的觀點來看，一旦以固定的大節奏去繞行地球周圍，則像存在於地球之中的黴菌般的小型人類節奏等等，就會規規矩矩地回到原點，毫無延誤，而軌道則被修正了。

亦即萬一生物時鐘錯亂了，仍具有想要自行回歸原點的機能。這種機能，只要地球以三百六十五・二五天，繞行太陽周圍之類的超自然現象未破壞，就會被遵循不悖。因此，熬夜自不待言，即使進入洞窟體驗無時間生活的學者，經過十天以上，才重回地上，體內的生物時鐘也會被修正軌道，恢復正常，所以，生理周期也從按照原有的曲線加以描繪開始。

出生的孩子性別與母親生理周期的關係

至於距今約九十年前在德國及奧地利被發現的「生理周期」，在日本被一般人周知的時期，是何時呢？

據我所知，這項學說，似乎以被刊載一九六四年的《中央公論》十二月號上，「生理周期能改變人生」的報導為第一次公諸於世。由於是翻譯自美國一位名為艾帕・喬洛的學者的論文，因此，這篇報導被介紹出來之後，在日本經常都可以看到「生理周期」這個名詞。

而我從事於生理周期的研究之後，最初碰到的專門書籍，是日本生理周期協會於一九七一年發行的《生理周期的基礎》。我在工作之餘熱衷於閱讀、研究、實踐此書，直至現在。但是，前述的艾帕・喬洛說過：「只要有正常的懷孕過程，便可正確地預測生產日，因此，生下來的孩子是男或女，也能相當正確地猜測出來。」

艾帕・喬洛先生的理論，如果瞭解有關第一章所論及的生理周期理論，或是女性的懷孕期間（一般而言被認為約二百八十天）等問題，那麼各位應該都能理解。

但是，孩子出生之後去檢查受胎時母親的生理周期結果如何？關於這種例子，英國王室

瑪格麗特公主也遵照生理周期而生產王子！

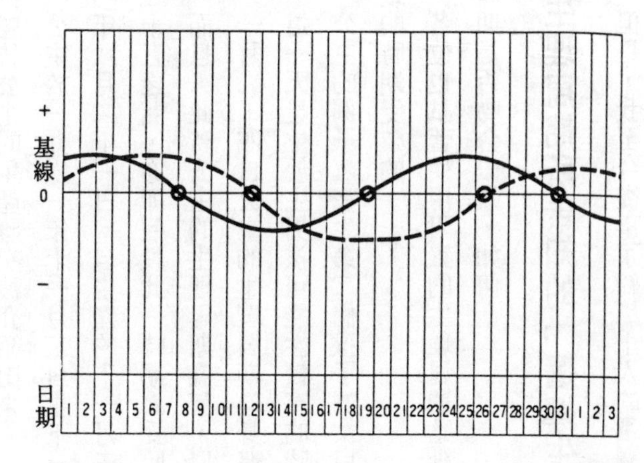

—— 身體節奏

———感情節奏

被預測為受孕王子的1961年1月時瑪格麗特公主的生理周期日曆。預測受孕日的1月24日～25日，顯示身體節奏為有利期，感情節奏為不利期。

瑪格麗特公主的生產屢次被介紹出來。

公主於一九六一年十一月三日生下一個男孩（狄維托‧林萊伯爵）、公主的生日為一九三〇年八月二十一日。自生產的十一月三日起減去二百八十天，則懷孕推定日為一月二十四～二十五之間，亦即假設此一時期為受胎日。

而且，此時公主的生理周期為何，只要檢查一下便可得知正確的受孕日。

一月二十四日公主的生理周期為身體節奏的有利期，而感情節奏則變成不利期。也就是說，這一天是位於生男孩可能性較高的時期。

公主的例子，在生第二個孩子的女兒時也一樣，根據介紹，是在與生理周期的理論吻合一致的時期受孕的。

各位也試著使用附錄的生理周期貼紙，去看看妳的孩子的性別與自己的懷孕推定日的生理周期是否吻合一致，如何？

生理周期所告知的「選擇生男生女的可能日」

但是，我至今從事了約二千人的選擇生男生女指導，我在此先來簡單地介紹一下自己做

「選擇生男生女」是否與排卵預測日吻合一致，為一大關鍵

些什麼事情。

我一旦接受諮商，首先就會詢問希望選擇孩子性別的女性的出生年月日，然後製作六個月份的生理周期日曆。在此期間，也請本人養成每天早上測量基礎體溫的習慣（約三個月）。因為，只要查看基礎體溫表，便可更為正確地掌握排卵日。

對於深具信心、肯定地說：「我的生理周期是固定的周期，可是因為生理周期的天數每次總是相同，所以，據說即使不測量基礎體溫，要預測排卵日也是輕而易舉的」的人，我建議妳，為了更為確實地選擇孩子的性別，應養成測量基礎體溫的習慣。據說，慎重的人會養成一年左右每天都測量基礎體溫的習慣。

一旦六個月份的生理周期日曆完成了，則在生男孩或是女孩的可能性較高的「選擇生男生女可能日」上加上紅線框起來。緊接著，在妳的這份生理周期日曆上，記入排卵預測日。看啊，選擇生男生女可能與排卵預測日吻合一致的日子有幾次呢？

其他的指導要領，則都已寫在與生理周期日曆，一起郵寄給各位的「三步驟方式」的資料之中。再來，以後就要進入以參考資料，讓妳與先生一起實踐的階段了！

「蕭特爾茲博士的理論」＋「生理周期理論」＝「三步驟方式」

當瞭解了生理周期的歷史及理論時，接下來再來談談關於也被稱為「選擇生男生女法之父」的美國蕭特爾茲博士的研究吧。

「具有兩種形式的人類精子的發現！——雖然可以發現完全不同的兩種精子，但這或許會成為有關決定性別研究的新線索，也未可知。」

如此的報導被刊登於一九六〇年六月五日的《紐約時報》上。發現的人，為當時哥倫比亞大學婦產科臨床助教蘭德拉姆·B·蕭特爾茲博士。

博士在以顯微鏡觀察精子時，發現精子之中有製造男性的精子，以及製造女性的精子，兩者各有不同的形狀，大小也不盡相同。

博士的研究並不僅是這一點而已。他說，在兩種精子之中製造女孩的精子酸性較強，而製造男孩的精子則鹼性較強，他另外又提出兩種精子的重量、強弱及壽命也都不同等研究成果，最後發表了「選擇生男生女的方法」。

在此之前，雖然也有使陰道內呈酸性或鹼性，而選擇生男生女獲得成功的例子，但是，蕭特爾茲博士的研究發表以後，在事前選擇性別（生男或生女）上，以有其科學性的根據，被視為可信度高而予大作文章，由數位博士發表出來（以往僅僅以「經驗」為根本而獲致成功，不能說是「科學」）。

我所研究的「三步驟方式」的背景裡，也包含有此一蕭特爾茲理論。在〈步驟①〉「生理周期的活用」，由於女性的身體節奏呈有利期，且感情節奏呈不利期的陰道，是鹼性較高；相反的，感情節奏呈有利期且身體節奏不利期的陰道，則是酸性較高。因此，前者生男孩的可能性較高，後者生女孩的可能性較高。

說起來，若能明瞭生理周期的節奏類型（身體節奏與感情節奏的組合），則擁有男性因子的精子或擁有女性因子何時能易於被接受這個問題，就一清二楚了，妳可以明瞭當自己的身體狀況處於什麼時期，易於接受何種精子，以控制孩子的性別。

但是，在〈步驟①〉之中，還包括了另一個重要的因素。

那便是，也包括於蕭特爾茲博士的選擇生男生女理論之中的「排卵日為何時？」

即使明瞭陰道內是鹼性，但此一時期如何與排卵日重疊、撞期仍成為一大問題。

在其次的〈步驗②〉「飲食的管理」，藉由選擇食品，針對酸性加強精子，或者，針對鹼性加強精子。再者，控制陰道內的酸度或鹼度，提高容易迎接精子的效果。

然後是〈步驟③〉「行房的方法」。也許有人會認為：「連這樣的事也與蕭特爾茲博士的理論有關係嗎？」但兩者確實相干。

截至此處為止，若是按照順序閱讀的人，大概已經瞭解，女性的陰道是非常敏感的部位。藉由行房，平常保持酸性的陰道內變成鹼性（因為，一旦感受到性高潮，就會從子宮流出鹼性的分泌液）。

還有，這一點也關係著〈步驟①〉的部份，也就是排卵接近陰道內就變成鹼性。

我的方式雖也大大地蒙受了蕭特爾茲理論的恩惠，但「三步驟方式」之中的大部份（七十％），是以根據生理周期而來的理論為根本基礎。如此一來，即表示「一開始就有生理周期」。無論如何，蕭特爾茲博士所發表的理論對多數的生殖學者，尤其是研究選擇生男生女的人們而言，無疑帶來了「選擇生男生女在科學上將是可能的」這個福音。

那麼，所謂的可以稱為選擇生男生女之父的蕭特爾茲博士的性別選擇法，是什麼樣的方法呢？無關乎所期望的孩子性別，在此來簡單地列舉如下：

○估算行房的時機。

○確實掌握排卵日。

○進行飲食的管理。

○限制男性所穿著的衣服（比方說，穿上緊綳的內褲，精子的數目就減少，因此生女孩的可能性較高）。

○藥物的攝取（陰道或子宮頸呈酸度較高的狀態時，一飲用乳化鉀就可以變淡）

○在行房之前清洗陰道（用加了水的醋洗，就變成酸性）。

○其他，有時甚至連丈夫的職業或壓力等因素也會決定性別（潛水夫的睪丸經常受到強力的水壓，這個因素成為減少精子的原因，或是，壓力較多的女性陰道內的酸性較強等……）

「決定男女性別的關鍵是精子」，這項理論被發表之後僅僅三十年而已。

在此以前，希臘的哲人亞里斯多德所說的：「希望有男孩的話，請於北風吹襲時行房。」

或是：「行房時，夫妻的某一方積極地進行動作，則會生那一方性別的孩子。」

諸如此類的論點，全都被視為為了選擇生男生女的常識而普遍通用，因此，蕭特爾茲的發現，在全世界掀起了極大的轟動。

步驟①　在生理周期日曆上選定「實行日」

生理周期日曆如何製作？

那麼，關於「三步驟方式」的內容更進一步地談一談吧。

在〈步驟①〉之中，是選定「選擇生男生女的實行日」時，所必要的生理周期日曆的製作方法，以及如何在完成的日曆上記入「排卵日」的方法，兩者都應好好學會，以備需要。

選擇生男生女時所必要的，是女性的生理周期日曆。男性的生理周期或身體狀況雖然不能斷言與受孕或選擇生男生女有關，但是，這是微不足道的。比起這個，我要在此申明：請製造強壯的精子，才是最為重要的，有了健康活潑的精子，生育大計才得以實現。

因為縱令身體狀況處於絕佳的狀態，若將實行日控制在數日之後，但之前做過數次房事，則無論再如何精力十足、活力充沛的人，精子的數目也會變少，影響到生男生女，甚至連一個孩子也生不出來。

還有，先前也說過的，在選擇生男生女上，知性節奏（Ｉ）毫無關係。然而，因為身體

以出生的西曆年查看的數值表（A表）

年　份	P	S	I	年　份	P	S	I
1945	8	21	17	1973	16	14	20
1946	11	20	15	1974	19	13	18
1947	14	19	13	1975	22	12	16
＊1948	17	18	11	＊1976	2	11	14
1949	19	16	8	1977	4	9	11
1950	22	15	6	1978	7	8	9
1951	2	14	4	1979	10	7	7
＊1952	5	13	2	＊1980	13	6	5
1953	7	11	32	1981	15	4	2
1954	10	10	30	1982	18	3	0
1955	13	9	28	1983	21	2	31
＊1956	16	8	26	＊1984	1	1	29
1957	18	6	23	1985	3	27	26
1958	21	5	21	1986	6	26	24
1959	1	4	19	1987	9	25	22
＊1960	4	3	17	＊1988	12	24	20
1961	6	1	14	1989	14	22	17
1962	9	0	12	1990	17	21	15
1963	12	27	10	1991	20	20	13
＊1964	15	26	8	＊1992	0	19	11
1965	17	24	5	1993	2	17	8
1966	20	23	3	1994	5	16	6
1967	0	22	1	1995	8	15	4
＊1968	3	21	32	＊1996	11	14	2
1969	5	19	29	1997	13	12	32
1970	8	18	27	1998	16	11	30
1971	11	17	25	1999	19	10	28
＊1972	14	16	23	＊2000	-	-	-

註：＊記號為閏年。在閏年的3月～12月出生的人，由表中的數值減去1，1月、2月出生的人，則原封不動地使用數值，不加不減。
（根據H・R菲利士的生理周期指數表）

7月				8月				9月				10月				11月				12月			
日	P	S	I	日	P	S	I	日	P	S	I	日	P	S	I	日	P	S	I	日	P	S	I
1	4	16	18	1	19	13	20	1	11	10	22	1	4	8	25	1	19	5	27	1	12	3	30
2	3	15	17	2	18	12	19	2	10	9	21	2	3	7	24	2	18	4	26	2	11	2	29
3	2	14	16	3	17	11	18	3	9	8	20	3	2	6	23	3	17	3	25	3	10	1	28
4	1	13	15	4	16	10	17	4	8	7	19	4	1	5	22	4	16	2	24	4	9	0	27
5	0	12	14	5	15	9	16	5	7	6	18	5	0	4	21	5	15	1	23	5	8	27	26
6	22	11	13	6	14	8	15	6	6	5	17	6	22	3	20	6	14	0	22	6	7	26	25
7	21	10	12	7	13	7	14	7	5	4	16	7	21	2	19	7	13	27	21	7	6	25	24
8	20	9	11	8	12	6	13	8	4	3	15	8	20	1	18	8	12	26	20	8	5	24	23
9	19	8	10	9	11	5	12	9	3	2	14	9	19	0	17	9	11	25	19	9	4	23	22
10	18	7	9	10	10	4	11	10	2	1	13	10	18	27	16	10	10	24	18	10	3	22	21
11	17	6	8	11	9	3	10	11	1	0	12	11	17	26	15	11	9	23	17	11	2	21	20
12	16	5	7	12	8	2	9	12	0	27	11	12	16	25	14	12	8	22	16	12	1	20	19
13	15	4	6	13	7	1	8	13	22	26	10	13	15	24	13	13	7	21	15	13	0	19	18
14	14	3	5	14	6	0	7	14	21	25	9	14	14	23	12	14	6	20	14	14	22	18	17
15	13	2	4	15	5	27	6	15	20	24	8	15	13	22	11	15	5	19	13	15	21	17	16
16	12	1	3	16	4	26	5	16	19	23	7	16	12	21	10	16	4	18	12	16	20	16	15
17	11	0	2	17	3	25	4	17	18	22	6	17	11	20	9	17	3	17	11	17	19	15	14
18	10	27	1	18	2	24	3	18	17	21	5	18	10	19	8	18	2	16	10	18	18	14	13
19	9	26	0	19	1	23	2	19	16	20	4	19	9	18	7	19	1	15	9	19	17	13	12
20	8	25	32	20	0	22	1	20	15	19	3	20	8	17	6	20	0	14	8	20	16	12	11
21	7	24	31	21	22	21	0	21	14	18	2	21	7	16	5	21	22	13	7	21	15	11	10
22	6	23	30	22	21	20	32	22	13	17	1	22	6	15	4	22	21	12	6	22	14	10	9
23	5	22	29	23	20	19	31	23	12	16	0	23	5	14	3	23	20	11	5	23	13	9	8
24	4	21	28	24	19	18	30	24	11	15	32	24	4	13	2	24	19	10	4	24	12	8	7
25	3	20	27	25	18	17	29	25	10	14	31	25	3	12	1	25	18	9	3	25	11	7	6
26	2	19	26	26	17	16	28	26	9	13	30	26	2	11	0	26	17	8	2	26	10	6	5
27	1	18	25	27	16	15	27	27	8	12	29	27	1	10	32	27	16	7	1	27	9	5	4
28	0	17	24	28	15	14	26	28	7	11	28	28	0	9	31	28	15	6	0	28	8	4	3
29	22	16	23	29	14	13	25	29	6	10	27	29	22	8	30	29	14	5	32	29	7	3	2
30	21	15	22	30	13	12	24	30	5	9	26	30	21	7	29	30	13	4	31	30	6	2	1
31	20	14	21	31	12	11	23					31	20	6	28					31	5	1	0

以出生月日查看的數值表（B表）

1			月	2			月	3			月	4			月	5			月	6			月
日	P	S	I	日	P	S	I	日	P	S	I	日	P	S	I	日	P	S	I	日	P	S	I
1	1	1	1	1	16	26	3	1	11	26	8	1	3	23	10	1	19	21	13	1	11	18	15
2	0	0	0	2	15	25	2	2	10	25	7	2	2	22	9	2	18	20	12	2	10	17	14
3	22	27	32	3	14	24	1	3	9	24	6	3	1	21	8	3	17	19	11	3	9	16	13
4	21	26	31	4	13	23	0	4	8	23	5	4	0	20	7	4	16	18	10	4	8	15	12
5	20	25	30	5	12	22	32	5	7	22	4	5	22	19	6	5	15	17	9	5	7	14	11
6	19	24	29	6	11	21	31	6	6	21	3	6	21	18	5	6	14	16	8	6	6	13	10
7	18	23	28	7	10	20	30	7	5	20	2	7	20	17	4	7	13	15	7	7	5	12	9
8	17	22	27	8	9	19	29	8	4	19	1	8	19	16	3	8	12	14	6	8	4	11	8
9	16	21	26	9	8	18	28	9	3	18	0	9	18	15	2	9	11	13	5	9	3	10	7
10	15	20	25	10	7	17	27	10	2	17	32	10	17	14	1	10	10	12	4	10	2	9	6
11	14	19	24	11	6	16	26	11	1	16	31	11	16	13	0	11	9	11	3	11	1	8	5
12	13	18	23	12	5	15	25	12	0	15	30	12	15	12	32	12	8	10	2	12	0	7	4
13	12	17	22	13	4	14	24	13	22	14	29	13	14	11	31	13	7	9	1	13	22	6	3
14	11	16	21	14	3	13	23	14	21	13	28	14	13	10	30	14	6	8	0	14	21	5	2
15	10	15	20	15	2	12	22	15	20	12	27	15	12	9	29	15	5	7	32	15	20	4	1
16	9	14	19	16	1	11	21	16	19	11	26	16	11	8	28	16	4	6	31	16	19	3	0
17	8	13	18	17	0	10	20	17	18	10	25	17	10	7	27	17	3	5	30	17	18	2	32
18	7	12	17	18	22	9	19	18	17	9	24	18	9	6	26	18	2	4	29	18	17	1	31
19	6	11	16	19	21	8	18	19	16	8	23	19	8	5	25	19	1	3	28	19	16	0	30
20	5	10	15	20	20	7	17	20	15	7	22	20	7	4	24	20	0	2	27	20	15	27	29
21	4	9	14	21	19	6	16	21	14	6	21	21	6	3	23	21	22	1	26	21	14	26	28
22	3	8	13	22	18	5	15	22	13	5	20	22	5	2	22	22	21	0	25	22	13	25	27
23	2	7	12	23	17	4	14	23	12	4	19	23	4	1	21	23	20	27	24	23	12	24	26
24	1	6	11	24	16	3	13	24	11	3	18	24	3	0	20	24	19	26	23	24	11	23	25
25	0	5	10	25	15	2	12	25	10	2	17	25	2	27	19	25	18	25	22	25	10	22	24
26	22	4	9	26	14	1	11	26	9	1	16	26	1	26	18	26	17	24	21	26	9	21	23
27	21	3	8	27	13	0	10	27	8	0	15	27	0	25	17	27	16	23	20	27	8	20	22
28	20	2	7	28	12	27	9	28	7	27	14	28	22	24	16	28	15	22	19	28	7	19	21
29	19	1	6	29	11	26	8	29	6	26	13	29	21	23	15	29	14	21	18	29	6	18	20
30	18	0	5					30	5	25	12	30	20	22	14	30	13	20	17	30	5	17	19
31	17	27	4					31	4	24	11					31	12	19	16				

（根據H・R・菲利士的生理周期指數表）

希望瞭解生理周期的年月的數值表（C表）

1991				1992				1993				1994				1995			
月	P	S	I	月	P	S	I	月	P	S	I	月	P	S	I	月	P	S	I
1	3	8	20	1	0	9	22	1	21	11	25	1	18	12	27	1	15	13	29
2	11	11	18	2	8	12	20	2	6	14	23	2	3	15	25	2	0	16	27
3	16	11	13	3	14	13	16	3	11	14	18	3	8	15	20	3	5	16	22
4	1	14	11	4	22	16	14	4	19	17	16	4	16	18	18	4	13	19	20
5	8	16	8	5	6	18	11	5	3	19	13	5	0	20	15	5	20	21	17
6	16	19	6	6	14	21	9	6	11	22	11	6	8	23	13	6	5	24	15
7	0	21	3	7	21	23	6	7	18	24	8	7	15	25	10	7	12	26	12
8	8	24	1	8	6	24	4	8	3	27	6	8	0	0	8	8	20	1	10
9	16	27	32	9	14	1	2	9	11	2	4	9	8	3	6	9	5	4	8
10	0	1	29	10	21	3	32	10	18	4	1	10	15	5	3	10	12	6	5
11	8	4	27	11	6	6	30	11	3	7	32	11	0	8	1	11	20	9	3
12	15	6	24	12	13	8	27	12	10	9	29	12	7	10	31	12	4	11	0

1996				1997				1998				1999				2000			
月	P	S	I	月	P	S	I	月	P	S	I	月	P	S	I	月	P	S	I
1	12	14	31	1	10	16	1	1	7	17	3	1	4	18	5	1	1	19	7
2	20	17	29	2	18	19	32	2	15	20	1	2	12	21	3	2	9	22	5
3	3	18	25	3	0	19	27	3	20	20	29	3	17	21	31	3	15	23	1
4	11	21	23	4	8	22	25	4	5	23	27	4	2	24	29	4	0	26	32
5	18	23	20	5	15	24	22	5	12	25	24	5	9	26	26	5	7	0	29
6	3	26	18	6	0	27	20	6	20	0	22	6	17	1	24	6	15	3	27
7	10	0	15	7	7	1	17	7	4	2	19	7	1	3	21	7	22	5	24
8	18	3	13	8	15	4	15	8	12	5	17	8	9	6	19	8	7	8	22
9	3	6	11	9	0	7	13	9	20	8	15	9	17	9	17	9	15	11	20
10	10	8	8	10	7	9	10	10	4	10	12	10	1	11	14	10	22	13	17
11	18	11	6	11	15	12	8	11	12	13	10	11	9	14	12	11	7	16	15
12	2	13	3	12	22	14	5	12	19	15	7	12	16	16	9	12	14	18	10

（根據H・R菲利士的生理周期指數表）

節奏在選擇生男生女之外也被活用於各領域，所以，在範本之中也試加上知性節奏而製作圖表。

那麽，立刻製作太太的生理周期日曆看看！

雖然出現許多數字，但是計算並不困難。因為是任何人都可以做的簡單計算，所以請沈靜下來往後讀下去……。

①從妳的出生年月日求得三個節奏的指數

所謂的指數，是指為了表出表示身體節奏（Ｐ）、感情節奏（Ｓ）、知性節奏（Ｉ）等，而成為必要的基本數值而言。

舉例而言，不妨試著製作一九六六年十月二十四日出生的女性，自七月至十二月止的生理周期看看。

在一〇六頁上，有以出生年份去查看的數值表（Ａ表），在一〇七～一〇八頁上，有以出生月日去查看的數值表（Ｂ表），在一〇九頁上，則有所要求取的年月的數值表（Ｃ表）。身體節奏（Ｐ）、感情節奏（Ｓ）、知性節奏（Ｉ）的指數，是從這些表上的數字去求得的。

首先在A表之中，出生年份（一九六六年）的P＝20、S＝23、I＝3。其次，從B表來看，可知出生月日（十月二十四日）的P＝4、S＝13、I＝2。接著從C表查看所要求取的年月（一九九一年七月～十二月）的各個P、S、I。

七月的P＝0、S＝21、I＝3。八月的P＝8、S＝24、I＝1。九月的P＝16、S＝27、I＝32。十月的P＝0、S＝1、I＝29。十一月的P＝8、S＝4、I＝27。十二月的P＝15、S＝6、I＝24。

由於寫出半年份的數字，因此請不要潦草，寫得工整一點。

那麼，一邊參照下頁，一邊計算看看吧！非常簡單的。

一開始，將從A表、B表、C表選出的數字各取出P、S、I，加以計算。做合計之後，接著減去各節奏的周期日數（P＝23天、S＝28天、I＝33天）。

此時，周期的數字這一方較大無法減算時，便擱置原來的數字不管，再者，能減兩次以上時，只減可以減的次數，不能使數字比各節奏的周期數更大。

舉例而言，因為七月的P的合計為24，所以〈24－23＝1〉。S的合計為57，〈57－（28×2次）＝1〉。然後I的合計為8，但由於無法減去33，因此就保持原狀，變成8。這些

生理周期數的計算方法

（例1）A小姐（1966年10月24日出生）1991年7月的指數

		P	S	I
①	查看A表的1966年	20	23	3
②	查看B表10月24日	4	13	2
③	查看C表的1991年7月	0	21	3
④	算出P、S、I各周期	24	57	8
⑤	從以④求得的數值減去各周期的基本數值	-23	28 （×2）	33
⑥	以⑤求得的數值成為指數	1	1	8

（例2）A小姐1991年9月的指數

		P	S	I
①	查看A表的1996年	20	23	3
②	查看B表10月24日	4	13	2
③	查看C表的1991年9月	16	27	32
④	算出P、S、I各周期	40	63	37
⑤	從以④求得的數值減去各周期的基本數值	-23	28 （×2）	33
⑥	以⑤求得的數值成為指數	17	7	4

註：基本數值一方較多而無法減去的時候，原封不動地使用④求得的數值，可以減2次以上時，只減可以減去的次數，最後指數一方不致於比基本數值更大。

「1、1、8」，就成為三個節奏的指數。

因為在本書之中附有作為附錄的生理周期卡片，以及印刷了表示節奏周期的曲線的三種生理周期紙，所以請立刻試著製作看看。

還有，由於選擇生男生女法至少需要六個月份的生理周期日曆，因此，請先彙總整理再製作。如果張數不夠，那麼，請仔細地書寫，或者使用影印的表格。

②剪下各節奏的生理周期貼紙

在（1）所求得指數的位置處，剪下曲線的圖表。

身體節奏在「1」、感情節奏在「1」、知性節奏在「8」的數字線上剪下。

③將生理周期貼紙貼在卡片上

將剪下的生理周期貼紙不偏不倚地配合月份別上，生理周期卡片的左端（一日左側的線）及基線（中央0的橫線）而黏貼。

生理周期貼紙，如重疊於卡片而貼上去一般，被印刷在透明的紙上。

如此一來，將三個節奏的貼紙分別貼在卡片上之後的完成圖的範本，便在一一五～一一七頁，因此請參照範本製作。

以附錄的貼紙及卡片製作生理周期日曆

還有，黏貼時的注意事項，正如屢次提及的一樣，在選擇生男生女上知性節奏是沒有必要的。因此，僅僅為了「選擇孩子性別」而希望使用貼紙的人，或許只黏貼身體節奏及感情節奏的貼紙，比較容易瞭解。

以日曆挑選「選擇生男生女可能日」

請再一次查看一一五～一一七頁的圖表。有身體節奏呈有利期，且感情節奏呈不利期時，或者，有身體節奏呈不利期，感情節奏呈不利期時嗎？

妳知道了吧。前者（在日期欄上有▲的記號的日子）是生男孩的機率較高的時期，而後

A小姐6個月之間的生理周期日曆

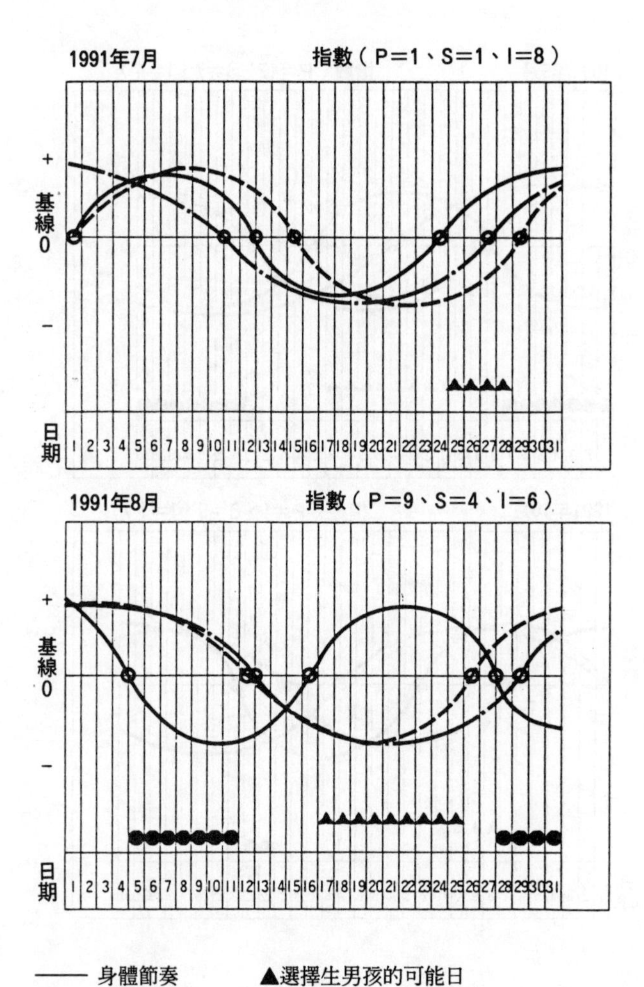

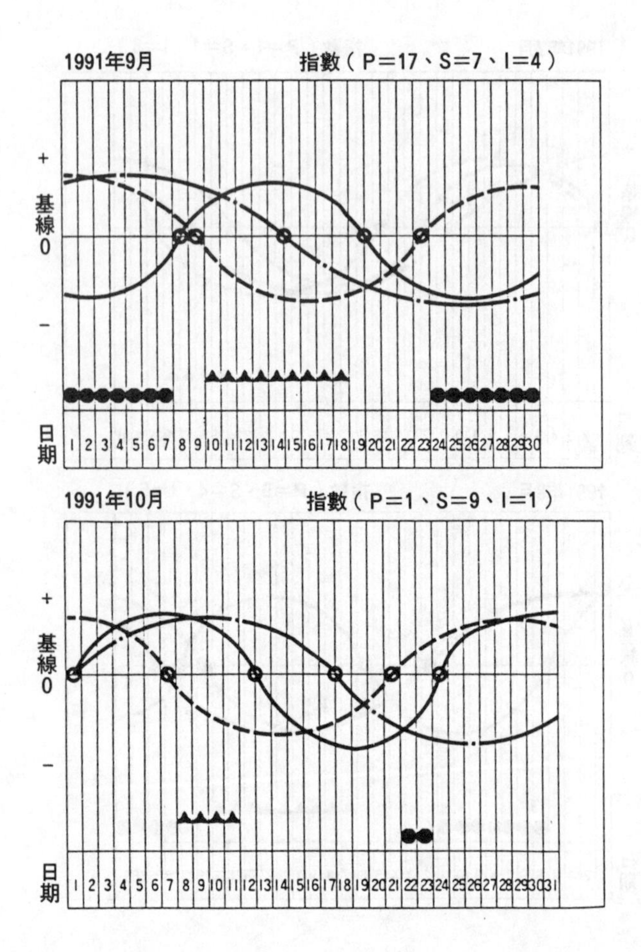

1991年9月
指數（P=17、S=7、I=4）
+
基線
0
−
日期
1 2 3 4 5 6 7 8 9 10 11 12 13 14 15 16 17 18 19 20 21 22 23 24 25 26 27 28 29 30
1991年10月
指數（P=1、S=9、I=1）
+
基線
0
−
日期
1 2 3 4 5 6 7 8 9 10 11 12 13 14 15 16 17 18 19 20 21 22 23 24 25 26 27 28 29 30 31

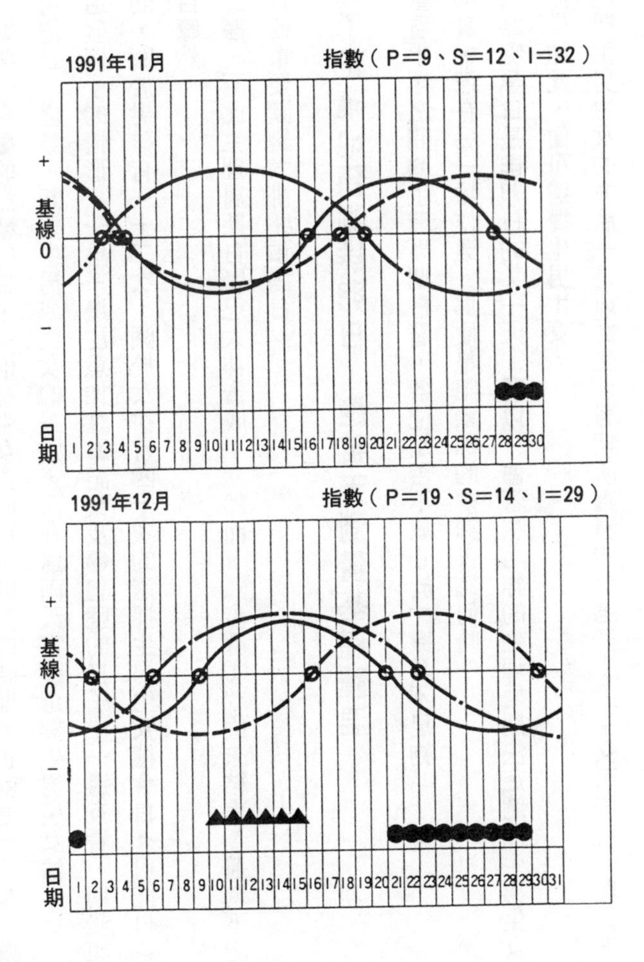
1991年11月
指數（P=9、S=12、I=32）
+
基線
0
−
日期
1 2 3 4 5 6 7 8 9 10 11 12 13 14 15 16 17 18 19 20 21 22 23 24 25 26 27 28 29 30
1991年12月
指數（P=19、S=14、I=29）
+
基線
0
−
日期
1 2 3 4 5 6 7 8 9 10 11 12 13 14 15 16 17 18 19 20 21 22 23 24 25 26 27 28 29 30 31

者（日期欄上有●的記號的日子）則是生女孩的機率較高的時期。也就是說，是「選擇生男生女可能日」之意，想要生男或生女的夫婦，可在這兩天實踐選擇生男生女法。

這個例子的情形，一旦一邊注意加註▲記號及●記號的日子，一邊查看，則我想在六個月之間，關於男孩有三十二次，關於女孩有四十次的選擇生男生女機會日（可能日），妳應可一目瞭然。

那麼，至此生理周期日曆已大功告成了。然而，〈步驟①〉尚未結束，還剩下記入決定實行日的重要關鍵「排卵預測日」。

為了正確地預測排卵日，應每天測量基礎體溫

查看半年之間的生理周期日曆，各位是否不放心於「機會不足夠」？其實，還有另一項作業。那便是記錄妳的排卵日為何時？

因為受孕日是排卵日的某一天，所以，儘管利用妳的生理周期決定選擇生男生女可能日，但僅僅如此，便可選擇生男生女。

選擇生男生女的方法，是以從生理周期所查看的「選擇生男生女可能日」與排卵日一致

的日子，或是排卵日兩天之前（生女孩時），作為實際的「選擇生男生女實行日」。

因為排卵日必須事先更加正確地掌握住才行。並不是說大概在這幾天左右就可以了，排卵日絕對含糊不得，請清清楚楚地找出來。若不如此做，則也許好不容易逮住的機會日（選擇生男生女實行日）就會在不明白之中溜失。

因此，首先請預先明瞭自己的排卵日為何時，而且，至少要從實踐選擇生男生女法的三個月之前起，連續地記錄排卵日，這是必要的作業。因為，確切地掌握生理的節奏，能更加正確地預測排卵日。

至於明瞭排卵的方法有幾種，我在選擇生男生女法之中所建議的方法，是養成測量基礎體溫。

一旦每天不斷地測量體溫，畫成圖表，則可非常清楚地瞭解自己體溫的升降。查看圖表，體溫急遽地上升之前，變得最低的日子，便是排卵日。

「可是，你說的測量基礎體溫，是出乎意料地痲煩哪。」有沒有人有諸如此類的疑問？沒有這樣的事！只要早上一醒來就立刻實行即可，並不痲煩的。這種程度的努力，若想要獲得選擇生男生女的成功，則除了這種努力，別無他法。

為了要測量基礎體溫，婦女體溫計是必要的，這種體溫計請在藥房購買，或是向醫師請教。由於最近也有電子體溫計的發售，據說可以更加輕鬆、更加正確地測定體溫。

首先，請先將婦女體溫計放在枕邊。按照如下步驟：

①早上一醒來就立刻將婦女體溫計放入口中（約三分鐘）

在測量體溫之前，抽菸、上洗手間、吃東西是理所當然要避免的事，雖然也許會有一點辛苦，但是希望連翻身、打哈欠、伸懶腰都忍耐住，立刻將體溫計放入口中。

將體溫計放在枕邊，即是為了方便取用。無論如何，一醒來就比做某件事更先取出體溫計。因為，所謂的基礎體溫，是指長時間的安靜休息之後的體溫而言。

順帶一提，一旦活動了會變得如何？有人會如此質疑。較之不動而測量時，體溫僅僅變高一點而已。

「貪睡晚起，或是相反地比平時都更早起的時候會變得如何？」

由於似乎有如此的問題，因此在此回答各位。

一旦睡懶覺，體溫就會上升，而早起就下降。在數字方面雖只是一點小差異，但若想要

排卵日為體溫急遽地上昇之前溫度最低的日子

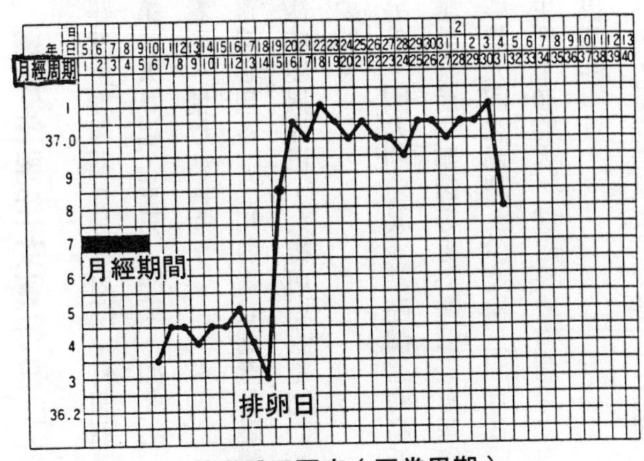

基礎體溫圖表（正常周期）

取得正確的記錄，請務必避免貪睡晚起或早起。

也許有人會說：「畢竟很麻煩！不是嗎？」但測量體溫的關鍵是為使選擇生男生女成功的起床後數分鐘。加油吧！

②一測量到體溫就記錄下來

關於此點，畫成如上圖般的曲線圖表也許就容易查看了。像這樣依樣畫葫蘆，至少製作三個月之間的基礎體溫表。生理周期也包括在內，不可遺漏。只要大致上做了這種程度的記錄，便可瞭解妳平均的排卵日。

那麼，明瞭了排卵日為何時，就更為簡單了。

「選擇生男生女實行日」在半年內平均有一～二次

雖然生理周期（月經周期）有個別差異，但一般而言，通常所謂排卵日的來臨，是從月經期第一天算起，至第十四天，如此為一周期，循環不斷。試著和各位所製作的基礎體溫表比較看看，情形如何呢？

雖然心想各位已知道養成測量基礎體溫、加以觀察，但是，儘管有體溫的升降，但也只是些微的差異而已，大概可以說是約〇•五度的程度。也就是說，為此測量之前不動身體是很重要的。

另外，因人的差異，基礎體溫的高低很不穩定，且有不易知曉排卵日的情形。像這樣的人，應請婦產科醫師等專科醫師查看基礎體溫表。

雖然先前說過請至少連續三個月養成測量基礎體溫的習慣，但生理調順的人要三個月，往往生理不順的人，就得養成六個月之內測量基礎體溫的習慣，請持之以恆，至少做得比較容易預測排卵日。

然後，基礎體溫表可參考下頁的圖，自己試著製作看看，如果利用在市面上藥局等處

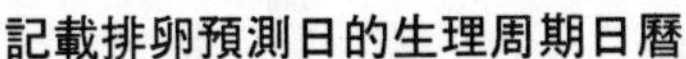
記載排卵預測日的生理周期日曆

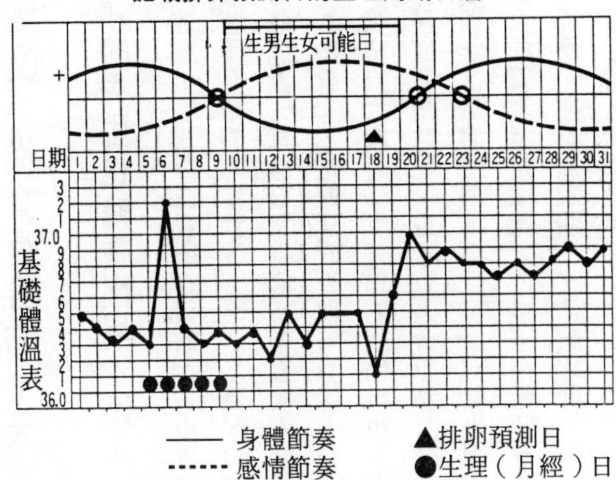

販售的圖表，只要將排卵日記入即可。

那麼，立刻以一〇五頁所介紹的方法為根本，在妳完成的生理周期日曆上記入排卵日看看！被記載在生理周期日曆上的「選擇生男生女可能日」大約有九次！在半年之內平均應有一～二次，但各位是怎樣的情形呢？

而且，這是六個月之內少數的重要日子。即使不得已發生了突發性的事故，仍請調整身體狀況，務必在這一天以最佳狀態去迎接。

順帶一提，以我自己的機會日而言（實行日），也發生岳母從岳家來訪的偶發事件。

這雖然是生第二個孩子（長女）時的事，但因為錯過這一天，實際上後來等待了一年才又碰上機會。

步驟② 從實行日的十天前起實踐「選擇生男生女飲食」

妳的先生也輪番出場，兩人一同進行飲食管理

那麼，根據以往我所介紹的「三步驟方式」，選擇生男生女的成功機率甚至可達七十%。接著所介紹的〈步驟②〉、〈步驟③〉都是對選擇生男生女造成極大影響的重要因素。因為這些因素一直與日常生活有著直接的關係，所以請好好地記住，加以實行。

〈步驟②〉是飲食的管理。我想，在選擇生男生女上，「食品」有何等的關係呢？我認為大約有二～三%的關係（也有人由於體質的關係，百分率數字會再稍微提高）。

僅僅觀察數字，也許有人會認為「哎喲，這種程度的關係啊，沒啥要緊嘛！」然而，這雖是理所當然的想法，但是，「與其坐而言，不如起而行」，實際去做比什麼都不做來得好，飲食的管理還是很重要。接下來希望妳也請先生協助。

那麼，在具體說明「吃什麼才好？」之前，請再一次回想一下關於我所說過的「決定性別的染色體」的部份。

利用選擇生男生女的飲食菜單，提高成功率。

人類的細胞之中有四十六個染色體，這些染色體在核心之中成為二十三對。其中有一對是決定性別的性染色體。

而且，卵子的性染色體全都是由X染色體所形成，在精子的染色體之中，具有由X染色體所形成的染色體，及由Y染色體所形成的染色體兩種。

正如各位所知道的，X染色體「製造」女孩，Y染色體「製造」男孩。成為男性抑或女性，是由這個染色體的組合所決定。

也就是說，在卵子的X染色體之中，若使具有X染色體的精子（X精子）受精，則會生女孩，但若使具有Y染色體的精子（Y精子）受精，則可生男孩。

若希望生女，妻子應吃酸性食品，丈夫則吃鹼性食品

女性的陰道內通常形成弱酸性的狀態，但是，一旦到了排卵日或感覺性高潮，則會從子宮分泌出強鹼性的分泌物。此點雖也關乎〈步驟③〉的內容，但在此也請先瞭解。

另一方面，先前所說過的，決定男女性別的精子是由XX染色體的組合決定生女孩，由XY染色體的組合決定生男孩，而X精子具有酸性較強的性質，Y精子則具有鹼性較強的性質。

因此，以女性為例，希望生女孩時，為了使X精子活潑化，應攝取酸性食品，希望生男孩時，為了使Y精子活潑化，只要攝取鹼性食品即可。男性的情形則只要攝取相反的食品。

雖然似乎一直聽到「不知為何總覺有一點麻煩」之類的意見，但請看一看一二八頁的表。食品通常被區分成酸性食品及鹼性食品（不過，在食品之中的酸度或鹼度都是無法測定的，也有一些是無法決定其中酸性或鹼性而無法歸類）。

因此，只要配合所希望的孩子性別，考慮菜單即可。也許有人會認為很辛苦，但實行的期間不是從選擇生男生女實行日，前一星期的十天之前開始就可以了。

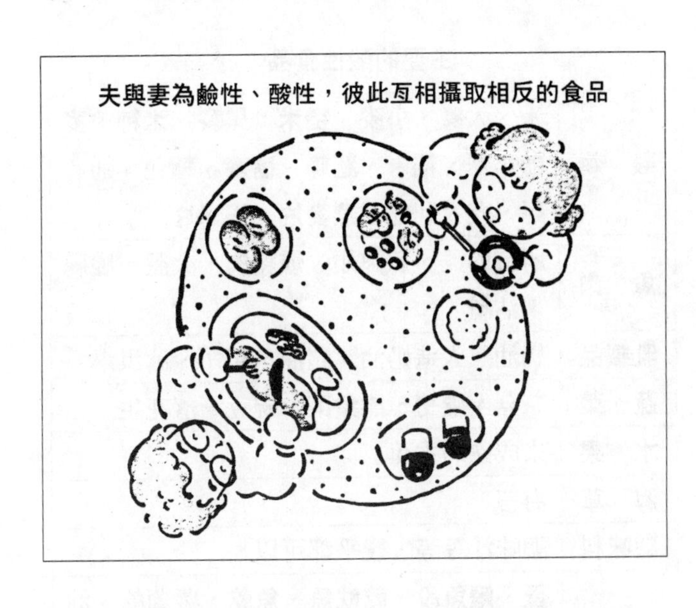
夫與妻為鹼性、酸性，彼此互相攝取相反的食品

這〈步驟②〉，最好兩夫婦互助合作，更具有效果。

「即將到機會日哩。因為擔心你白天在外進食，所以幫你做便當哇！」

希望夫婦兩人可以進行可謂黑暗時期的「戰鬥」。

我最初嘗試選擇生男生女的時候，由於夫妻兩人都在工作，妻子每天去上班，非常疲累。儘管如此，她仍為我們製作了二份晚餐的菜單，一份自己使用，一份給我用。

從這方面，也看出了妻子如此健康活潑的樣子，我記得我還隨時將自己製作的食品成分表放入口袋。

主要的酸性食品

穀　物	米、大麥、小麥、**糙米**、黑麥、**米糠**、**麥糠**、麩、糯米、麵條、**蕎麥**、麵包、通心麵、義大利麵、**燕麥片**、玉米片
魚　肉	所有的雞、魚肉類，燻豬肉、火腿、臘腸、沾料
乳製品	奶油、人造奶油、豬油、起司、冰淇淋
蔬　菜	慈菇、蘆筍、龍鬚菜、碗豆、落花生
水　果	未成熟的香蕉
海　草	海苔
調味料	調味汁等等，幾乎都可以
其　它	**蛋**、**鰹魚段**、**乾魷魚**、**魚乾**、蘿蔔乾、油炸豆腐、豆腐皮、**酒糟**、奈艮醃漬醬菜、羊羹，雞蛋糕、醋、日本酒、洋酒、啤酒、清涼飲料

註：黑體字為酸性度數特別高的食品

主要的鹼性食品

穀　物	玉米
魚　肉	梨子（以植物性蛋白質來補充）
乳製品	生乳、人乳、起司（巴馬乳酪、加工乳酪）、酸乳酪
蔬　菜	豆類（**黃豆**、**紅豆**、黑豆、毛豆、青豆、菜豆、**扁豆**）。 杏仁、核桃、蘿蔔、蕪菁、胡蘿蔔、番茄、黃瓜、洋蔥、**菠菜**、甘藍菜、茄子、韭菜、**馬鈴薯**、甘藷、青芋、牛蒡、竹荀、山萊菜、蓮藕、萵苣、荷蘭芹、鴨兒芹、花椰菜、**香菇**、**松蕈**、蘑菇、玉蕈、洋菇、硬花球花椰菜、洋薊等等，幾乎所有的蔬菜都可以　　兪
水　果	蘋果、橘子、西瓜、梨子、葡萄、柿子、粟子、杏子、櫻桃、**香蕉**、香瓜、鳳梨、木瓜
海　草	**昆布**、**裙帶菜**、洋菜
調味料	番茄醬等番茄醬汁以外，咖哩粉、胡椒粉皆可
其　他	味噌、醬油、豆腐、梅乾菜、醃漬黃蘿蔔、蘿蔔乾、**蒟蒻**、**紅生薑**、咖啡、可可、蜂蜜、茶、餅乾、果醬、砂糖、乳製飲料、葡萄酒

飲食的控制應恰如其份

若提到酸性食品的代表，可說是魚肉類，鹼性食品，則可以舉出蔬菜或水果類。

一旦在十天之內只吃肉料理或魚料理，或是，作出肉或魚都不能吃的決定，則會很痛苦。因為這個緣故，或許會破壞身體狀況的平衡，或是感冒也不一定。

我開始從事根據「三步驟方式」而來的選擇生男生女的指導，雖已有十餘年，但在此期間，數次聽到諸如此類的話：

「老師，如果徹底地實行飲食管理，那就會破壞身體狀況的平衡。」

「我希望生一個男孩，如果只吃鹼性食品，那就會感冒。」

因此，我建議她們：

「飲食的管理請參考食品成份表及菜單。比方說，希望生男孩時，簡單地說，請丈夫以酸性的飲食為中心，妻子以鹼性的飲食為中心。希望生女孩時，就攝取和這相反的飲食。不過，一旦做得過於極端就會容易感冒，所以請適度地實行。」

也就是說，絕不是僅僅攝取酸性食品，或是僅僅攝取鹼性食品之意。通常只有午餐在外

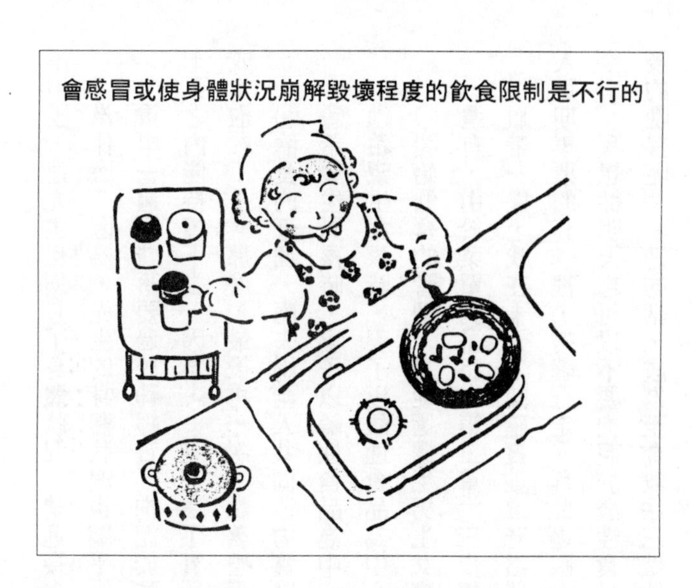

面進食，或是連晚餐也在外面進食的先生大概不少，再者，一旦將實行日控制在十天之後，連續地出差，也許連飲食生活的控制也不容易。因此，這個時期，即使先生只將食品成份表記錄下來，還是希望他帶在身上。然後，與其說「不去吃那種東西」不如說「不可以吃這個東西」，請留意這一點。

〈步驟①〉是約半年之間的「長期計劃」，相對於此，〈步驟②〉可說是機會日（實行日）之前十天之間的「事前計劃」。

期盼的選擇生男生女實行日即將來臨了。希望妳的先生也興致勃勃、精神振奮地向太太請求：「拜託幫我做便當！」

那麼，終於過了之後的十天。太太的身體

不用說，連先生也調整了身體狀況，請迎接實行日這一天。

為什麼？因為，先生的身體狀況也關乎接著的〈步驟③〉。

重申一遍，請不要過於神經質，拘泥於酸性、鹼性的問題，為了讓平常吃不慣的菜單在十天之內能持續下去，因為，一旦破壞了實行日這個重要日子的身體狀況，以往的辛勞都將成為泡影……。那麼，最後再一次，試著整理一下有關飲食管理的問題吧：

○飲食的管理，應夫婦兩人共同協力實踐。

○希望生男孩時，妻子以鹼性食品為中心攝取食品，丈夫則以酸性食品為中心攝取食品。

○希望生女孩時，妻子以酸性食品為中心攝取食品，丈夫則以鹼性食品為中心攝取食品。

○開始飲食的管理，是從選擇生男生女實行日約十天之前起。

還有，由於菜單例子將在第三章「三步驟方式」的實踐篇介紹，因此請務必參考之。

順帶一提，我在十天之間確實地遵守這些原則。妻子為我做便當，我則將食品成份表放入定期車票的套子裡，帶著行走。拜此之賜，「實行日」的晚餐，她說：

「我想從明天起可以不要拘泥於酸性食品或鹼性食品了，不知為何總覺得有點像一頓最後的晚餐呢？」她的話，成為至今無法忘懷的回憶。

步驟③　在房事上下工夫，提高成功率

生男、生女並不是女性的責任

「三步驟方式」的最後，是實行日當天的行房方法。

自古以來，就經常有人說：「專生兒子的『男腹』，以及專生女兒的『女腹』。」也就是偏於生某一性別的孩子，例如生了二個男孩或三個女孩之意。再者，似乎一般認為只生女孩的家庭是男性（丈夫）較強勢，只生男孩是女性（妻子）較強勢。

「所謂的強勢是什麼？」

「是不是指房事上的強弱？」

事實上，諸如此類的話題，似乎從前就經常有人在談論。另外，嫁到世家的女兒專生女兒，因為無法傳承香火而被片面性地離婚，諸如此類可憐的故事，似乎也時有所聞。

儘管如此，決定生下來之孩子的性別，是精子及接受精子的卵子，而完全被判定責任只在女性一方，也是令人傷腦筋的事情。

由於即使至今仍被不斷談論的傳說，因此，苦惱的女性，請務必看看我這本書！

那麼，等待的這一天愈來愈接近了。

這是一種如同儀式一般的東西。最後的晚餐（？）結束，自此以後就愈來愈接近正式的「實行計劃」了。開始的時候，或許兩人都會出現笨拙、不靈活的氣氛，然而，這只是剛開始而已，不如索性從好的方面來看，緊張、壓力提高了，反而拉進兩人的距離……。

選擇生男生女的成功率可藉行房的方法提高五％

若在行房的方法上下各種工夫，則成功率必定可提高五％。無論生理周期、排卵日、飲食都條理清晰、井然有序，終於進入最後的階段。

「要如何行房呢？也要做某些特殊的事情嗎？」

「不，不是這樣，這哪裡的話。像平常那樣做就可以了，不過，希望能稍微按照手册去做，尤其是要請先生也協力合作，若得不到另一半的協助，則……」

若從理論來說，則希望請在性交時的體位下工夫。

為什麼呢？這在前面也提及的，因為，卵子在受精時根據卵子是與X精子結合或與Y精子結合而決定生出來的孩子性別。

這句話是說，卵子在什麼樣的環境之下受精，成為一項重要因素。

這是截至目前為止一直提及的生理周期的活用，也是飲食的管理之意，後面所提及的行房的方法，則成為其「收尾工作」。

X精子與Y精子哪一個較健康活潑？

在精子之中，有形成女性的X精子及形成男性的Y精子。而如果說實際上生出來的孩子們，性別的比率為何種程度，那麼，以統計學上來說相對於男孩一百零五人，女孩為一百人，也就是一〇五：一〇〇。

「什麼，那麼無論X精子的數目或Y精子的數目，都不能照此比率改變囉。」

也許有人會提出如此的疑問。然而，這是大錯特錯的。啊，啊！男性一次射精就有二～三億個精子射出。在這二～三億個精子之中，雖然包括了Y精子及X精子，但若從數字來說，Y精子有時是X精子的約二倍之多。

因為卵子本身並無性別的決定權，所以一旦射精，這些數目驚人的精子們便一同朝向陰

「三步驟方式」的最後收尾是行房的體位

道深處「挺進」，無論如何，強勢的精子「攻入」子宮，只有最強健的精子在輸卵管與卵子結合。

但是，先前說過出生率的男女比為一〇五比一〇〇，妳注意到了嗎?雖然Y精子的數目有時是X精子的二倍，但男女幾乎沒有差別。也就是說，脫隊落伍的Y精子充滿了陰道內。

精子們爭先恐後地說「我進去!」、「讓我進去!」，全力奮進，以子宮為目標的精子「挺進」，雖然衝刺抵達卵子的周圍，但被卵子接受的只是其中一個精子而已。

若從數目來說，還是Y精子比較多，被卵子接受的機會似乎相對的較多，實際上，X精子也振奮精神地用力一搏。

陰道內的分泌物也大大關乎孩子的性別

雖然在一二六頁也說過，但請回想一下：Y精子是鹼性強而酸性弱，X精子則是酸性強而鹼性弱。

陰道之中經常呈酸性。就此一理論來說，酸性較強的X精子保住生機而存活下來，只生女孩。

「那麼，男孩是如何生出來的？」

這個問題是這樣的。雖陰道內通常是酸性，但一旦排卵日接近，或是感覺有性高潮，就會從子宮分泌出鹼性的分泌物。

如此一來，接著Y精子方面就突然地變成健康活潑的精子。再來，加上Y精子比X精子更敏捷迅速地活動起來這種性質。生男孩的Y精子戰勝X精子，便可使卵子受精。

這樣說的意思，是指若知道女性的陰道分泌物為什麼樣的性質之後再行房，則連選擇生男生女都有可能。雖然「前置作業」變得相當冗長，但為何甚至連行房的方法都關係著選擇生男生女？因為有這些理由。

我想各位由截至目前為止的說明已稍微明瞭到：為了選擇生男生女的成功的行房方法，是因希望生男孩的情形及希望生女孩的情形而異。關於個別的方法，則在第三章再進一步詳加解說。

希望生男孩，就以此一行房法使陰道呈鹼性！

○希望生男孩的行房法

(a)、先生從五～七天左右請「禁慾」。因為，如此將使Y精子（製造男性的性染色體）變成濃度最高。若射出濃稠的精液，僅僅如此，使卵子受精的可能性就變高。請專心致志於運動或讀書等等（當然，工作也是如此），忍耐一下，過了禁慾期再全力「衝刺」。

(b)、行房請選在排卵日。排卵日女性會從子宮釋放出鹼性的分泌物，所以成功的機率自然較高。

(c)、在妻子達到性高潮之前，請充分地花費時間於施行前戲上。由於從陰道壁分泌出鹼性的分泌物，因此，酸性較弱的Y精子的活動就變得活潑，促使精子進入輸卵管。

(d)、體位為採取「正常位」、「後背位」、「屈曲位」等等（參照一六五頁）請儘可能地深深地插入。如果插入夠深，僅僅如此，精子們就會達到子宮口的入口附近，而且因為此處附近充滿了鹼性的液體，所以即使是酸性較弱的Y精子，也會氣勢強勁、衝力十足地以子宮為目標「進攻」。

(e)、行房（射精）一結束，就請暫且保持插入的原狀，靜止不動。這是因為，一旦動了身體，即使精子費盡千辛萬苦進入體內，也會有逆流的情形產生。為了提高受孕的可能性，應暫且保持原狀，靜止不動，不要急著立刻抽出，手腳則可以伸展一下。

希望生女孩，就以此一行房法使陰道呈酸性！

○希望生女孩時的行房法

(a)、先生沒有必要特別禁慾。

(b)、行房請選在排卵日的二天之前。X精子是在約三天之前產生，Y精子則只有約一天之前產生。因此，射精之後一經過二天，即使好不容易有排卵的現象了，Y精子也會沒有元氣，也就是等待存活下來的卵子，幾乎都是X精子。若運氣佳（按照預期的），二天之後排卵了，則可預估成功率相當地高。

(c)、請在妻子達到性高潮之前射精。保持陰道呈酸性，因為，如此將使生男孩的精力減少。不做前戲就立即進行實戰。雖是平淡且沒有樂趣的房事，但請以「希望生女孩」的一心一意加油！

(d)、體位為採取「伸長位」、「騎乘位」等等（參照一七三頁），請儘可能地淺淺地插入。如果插入較淺，精子們就會距離子宮較遠。因為陰道內為酸性，所以生女孩的X精子便活動得很旺盛。這也就表示生男孩的Y精子變弱了。

那麼，各位應已瞭解選擇生男生女的〈步驟①〉、〈步驟②〉、〈步驟③〉。

一讀完各步驟的內容，也許有人會認為，每一個步驟都很重要吧。按照這些步驟，如果希望生男孩，那就確實地遵守生男孩用的指南，希望生女孩的話，那就確實地遵守生女孩用的指南，請兩人一同協力，達成目的。

彼此互相記住錯誤的資料，比方說，希望生女孩卻在排卵日當天行房，或是進行了與希望生出孩子的性別完全相反的飲食管理，都是應避免的，請注意不致於發生如此的事情。

最後，介紹幾個被認為對選擇生男生女也有一點點影響的方法。

強烈的意願也具有意外的效果

有人說：「傷腦筋時就交給神吧！」

各位雖然向神明祈求：「神啊，請賜給我一個兒子！」

但也許有人會認為儘管如此也沒有實現的意義，無助於選擇孩子的性別。

然而，我認為祈禱或膜拜並非無關乎選擇生男生女。

如此的事情，雖然無法在科學上用某個理論清楚地說明，但以現今的方式來說，是一種

「自我暗示」的心理作用。

如果希望生男孩，那就請早晚向神明祈求「務必賜與我兒子」，希望生女孩，則早晚向神明祈求「務必賜與我女兒」。

這是藉由施加自我暗示，身體被這般地調整過來，或者，至少被調整成朝那方面而走（希望生男孩或生女孩的願望）。雖然是無意中的自我暗示，但實踐者會覺得身體似乎按照願望前進，被「整頓」起來，以備需要。

或許有人也會說：「老師的指導都充分地實行，也向神明祈禱，該做的事已經全做過了。」儘管這麼說，只要效果提高了便再好不過，所以不妨參考之，不要懷有付出得不到效果的想法。

如果希望生男孩，就做日光浴！

另一個建議是女性的日光浴。

「因為肌膚的顏色會變黑，所以這個嘛……」似乎也有人猶豫不決，不敢輕易地嘗試。然而，一曬太陽體內的維生素D就被皮膚吸收了。維生素D具有將血液呈現鹼性的功能。也

就是說，這關係著希望生男孩時的條件。

因此，我說：「因為比起曬黑等擔心還有更重大的目標，所以最好是不停地散步吧。」曬太陽是不可或缺的，在散步之中更有效果！我的選擇生男生女成功率八十％的詳細項目之中，它也包括了二～三％微小但重要的附加比率。

在實行日十天之前停止爭吵

如何?以上即是中垣式選擇生男生女法的「三步驟方式」。

對以往完全考慮選擇生男生女等等，或是嘗試各種方法都失敗的夫婦來說，成為極大助力的指南。因為過於自信，反而容易招致阻力，常是失敗的重點。

我之所以強力地推薦此一方式，是因為它具有如下的優點：

○由於幾乎沒有對身體的直接行為，因此，藥物副作用的母體健康上，不必去擔心。

○無論任何人都能做到。

○即使一人也可完成。這一點在不希望丈夫或父母等其他人知道的時候，也很有幫助。

○不花費用。

因此，希望一到實行日十天之前，就停止夫婦爭吵。瞭解了嗎？

第三章

啊！妳也實踐看看吧！

心理及身體的準備萬全了嗎？

男孩及女孩　希望哪一個？

「『媽媽，太棒了，好不容易生一個男孩！』七歲的長女興奮地說著。在我們家，還有一個更小的女孩，二人都還幼小，當然，孩子們並未提到選擇生男生女的話題，但與先生商量『希望再生一個男孩』時，她們大概都聽到了，很盼望有一個小弟弟。雖然在家中談論有關選擇生男生女的話題觸犯了禁忌，小姊姊似乎注意到我們夫婦希望生男孩的事情。」

這個故事，也是出現在本書開頭，住在廣島市的Y女士的自述。

Y女士夫婦兩人無論如何都希望再生一個孩子，但是他們希望生男孩，卻基於前述的理由。我們家的情況，是非得繼續家傳的生意事業不可，然而，作為一個家庭主婦，身處於與先生的父母同住的環境，似乎先生想要有一個兒子的念頭很強烈，而「如果有兒子，那就可以讓父母親安心」的想法也非常強烈。

如願以償地，Y女士生下了期望中的男孩。

「可以請父母安心了。從今以後，如果欣喜於弟弟誕生的女兒再大一點的話，那麼打算將我們所實踐的『選擇生男生女』的事情說給她聽。」

收到如此的信函，我也嚇了一跳，看得出神。

在這個世界上，有著像Y女士那樣形形色色、千奇百怪的事情，無論如何都希望擁有一個兒子，或是希望擁有一個女兒的人，大概也很多吧！

妳希望擁有一個兒子嗎？或是希望擁有一個女兒呢？

在此第三章裡，將更進一步詳述選擇生男生女的「三步驟方式」，也就是說，分成男孩的選擇孩子性別法，及女孩的選擇孩子性別法，加以解說。

因為是「實踐篇」，所以有一些物品要請各位立刻準備：

①婦女體溫計　②記錄每天體溫的基礎體溫表。

實踐我所構想的「生理周期選擇生男生女法」的必要道具，就只有這些了。然後，只要在日常生活之中作各種控制即可。除了「不需要特別的道具」、「不必去看醫師」、「不服用藥物」之外，「沒有對日常造成影響的勉強規則」等等，都是此一選擇生男生女的特徵。

在實行此法的多數人之中，也有人興奮地說：

「若以這個方法，則可不被任何人知道，悄悄地實行。」

Y女士的情形，是在實行之前，與先生及公婆商量，公婆就說：

「孩子最好還是自然地懷孕，不是嗎？」

說起來，由於先生是獨子，因此非得繼承家業、傳承香火不可，作為其妻，她無論如何都希望生一個男孩，且很想嘗試選擇生男生女法。

像Y女士那樣，可以將「想要實行選擇生男生女」一事和先生或家人商量的情形，是另當別論的。我想「其中也有無法和任何人商量，妻子獨自實行的情形」。然而，此一方法可以不被人知道而悄悄地實行。縱然懂得測量每天的基礎體溫，因為是夫婦之間的事，所以一定沒有問題。

清楚地瞭解懷孕的機制了嗎？

那麼，進入實踐階段之前的實行選擇生男生女法所必要的知識之一，先來複習一下關於「怎樣才可以懷上胎兒」？

◉精子與卵子相結合，「接合子」一被形成，「受精」就成功了。

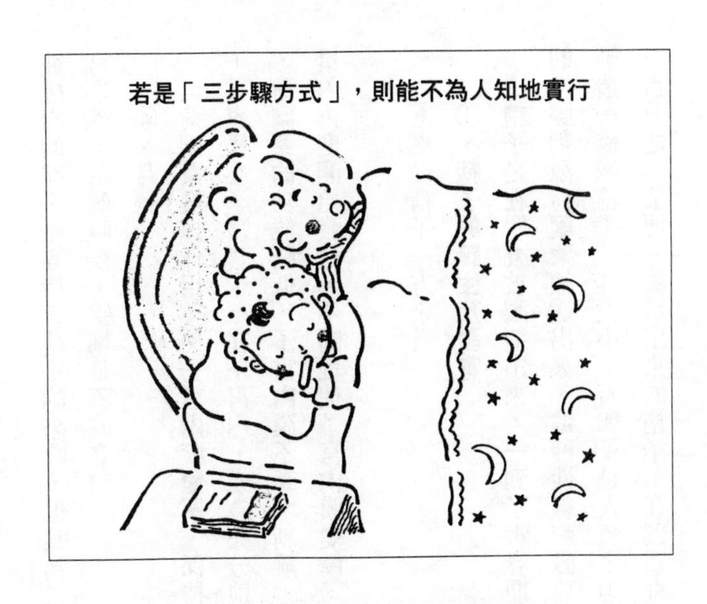
若是「三步驟方式」，則能不為人知地實行

◉應從卵子一方來看。

①卵子的誕生及發育

女性與生俱來即在卵巢之中擁有數萬個至數十萬個卵細胞（原子卵胞），而且，這些卵細胞在進入青春期前後開始發育，一成熟了，就分泌出荷爾蒙，不斷地使子宮內膜變厚。

順帶一提，卵子是人體之中最大的細胞，且約長十分之一公厘，有時也可以用肉眼看到那般大小。

②、排卵

卵子以平均約二十八日左右的周期，從已成熟的卵細胞被排出。

③、受精

卵子與精子相接合，稱為受精。再者，被

被排出的卵子雖等待著精子的來臨，但其為二十四小時，一超過這個時間限制，就被排出子宮之外。這個時候，受精是不成立的。

④、月經

荷爾蒙發揮作用，使子宮內膜變厚、保持充血的狀態，因為如果卵子受精時，那麼接合子就容易在子宮著床（在子宮內，成為充分地接受來自母體的營養狀態）。而且，未受精時，荷爾蒙的功能降低，子宮內膜不斷地剝離，被排出體外，這便是月經。一開始有月經，卵巢內再度開始發育，不斷地使子宮內膜變厚。

◉應從精子一方來看

①、精子的誕生及發育

精子是在睪丸被製造出來。一到了青春期，男性的睪丸之中，就有從腦下垂體分泌出來的性腺刺激荷爾蒙輸送出來，這種性腺刺激荷爾蒙製造了精子。製造期間約九星期，一天約製造一億個精子。其大小，若卵子是人體之中最大的細胞，則精子便是最小的細胞，只有約三百分之一公厘。製造出來的精子，在副睪丸裡成熟。

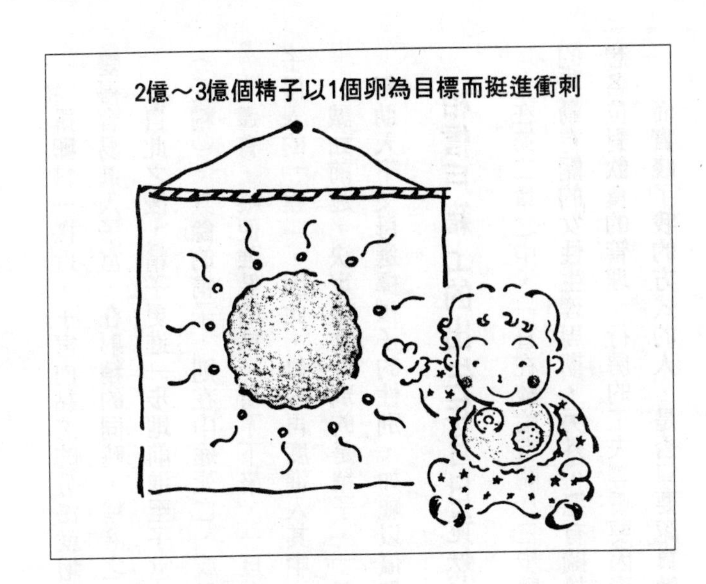

②、射精

成熟的精子，一射精就通過尿道而射出體外。

③、受精

每一次射精所釋出的精子數，約二～三億。在此之中，能與卵子結合的僅有一個而已。

因此，精子才一射入陰道內，就以子宮為目標，「我最先抵達！」彼此互相競爭，爭取第一。但無論如何，三百分之一公厘大小的細胞有三億之多，所以競爭十分激烈。

射精的速度一分鐘約為五公厘。另外，與到達卵子的距離為十八公分。

◉何謂受精？

排卵日一接近，子宮內黏液的分泌就增加，然而，子宮入口稍微張開。也就是說，精子變得容易進入子宮，在射精的同時，精液之中的精子被送到陰道內。

自此之後，精子更進一步地前進至子宮之中，在輸卵管裡，只有一個精子被卵子接受（受精）。其餘的精子，則在中途死亡，或是前進至不是卵子的方向。

還有，縱使強健的精子留了下來，一旦有一度受精成立了，由於卵子張開了防止其他精子侵入的「膜」，因此，無法再度進入其中。

誠如前述，決定男女性別的是精子，「三步驟方式」則是借給此一決定、選擇一臂之力，幫助天下父母選擇孩子的性別，如願以償地獲得所期望的孩子。

相信戶籍上的出生年月日竟然失敗了——

在第二章之中，一直在談論有關「三步驟方式」的全部內容。這些內容是與精子及卵子的行動有關的女性生理周期，另外，還有關於知道排卵日的重要性。除了這些內容以外，我想各位對飲食的管理、行房的工夫等重要因素也有所瞭解了。

而實踐了我的方式的人，是否只要認真地實行某一個要素，便可在瞬間應驗「嬰兒誕生」的願望。

我說是否認真地實行，為何我會介意這一點？因為，以往向我諮商的人雖然很多，但是，按照「三步驟方式」去實行，並且可以成其「證據」的，其實一件也沒有，實際上什麼也沒有做。因此，「嬰兒誕生」得視是否認真地實踐了上述要素而定。

舉例來說，運氣不佳而失敗的時候（雖然我的「三步驟方式」的成功率高達八十％……），即使說了「是的，當然是遵照老師的指導而努力不懈啊！」但仍無努力的證據，真是有一點傷腦筋，別人實在幫不上忙。

另外，「希望生一個兒子，約六個月都努力不懈，但卻懷孕失敗，在機會日（實行日）的一個月之前受孕將會如何？」

由於如此的例子也曾實際發生過，因此，我擔心有人僅是認真實行某一個要素而已。

當然，此時所受孕的孩子若是期望之中的性別，則會大叫「老師，真幸運！」但是……

再來談談另一個失敗的例子吧。像令人完全無法置信一般的事情，是因為出生年月日錯誤而造成生理周期不正確，在選擇生男生女上慘遭失敗的例子。也就是，登載於戶籍上的出生年月日與實際的出生日期不同。

比方說，將十二月三十一日改變為一月一日，或是將三月三十日改變為四月二日，若是如此現象，則大概有人會向父母詢問，弄個清楚。不過，一般而言連理由也不知道，而一直弄錯出生年月日的例子，偶爾還是會有。

為了慎重起見，請先弄清楚妳的出生年月日吧！

先將精子的五個特徵記住

生男孩？生女孩？都是由性染色體的組合所決定，這一點在第一章已提及，妳大概已瞭解吧。

精子與卵子的相遇是一種偶然的運氣。而我基本上也這麼認為。

因為在高達數億之多的精子之中，只有一個精子被卵子青睞而「雀屏中選」，所以這是另一種緣份。雖然卵子是否具有選擇的意志並不得而知，但因為是以一時的心情突然地選擇，所以……。強健的精子比較好？還是刺激性佳的精子最好？總而言之，卵子選擇X精子或Y精子的某一個，這便是問題所在。

選擇生男生女法是有意地使精子與卵子相結合（儘管如此，但因為我所構想的「三步驟方式」並無伴隨著副作用之人工性的一面，所以，卵子也沒有躊躇不前、猶豫不決之事，大可放心），可以說，藉由此點而使此一方法成為可能。

而且，選擇生男生女的成功率之中有七十％是活用女性的生理周期的結果，我的方式的基本觀點，在於「在卵子之中，有著容易選擇製造男孩的精子（Y精子）的身體狀況時期，以及相反地容易選擇製造女孩的精子（X精子）的身體狀況時期。調查女性的身體狀況，也就是生理周期，表示無論是卵子的「偶然興起」、「一時好惡」或精子的「競爭」，都想要加以控制。

因此，在進入「三步驟方式」之前，先就決定性別的兩種不同精子之染色體（X精子及Y精子）的「性格」談一談吧。

為了被卵子所選擇出來，應如何去做才好呢？成為其提示的是如下所列舉的「精子具有五個特質」。

①被射出的精子數目，Y精子為X精子的二倍之多。

②X精子比Y精子更重。

③Y精子比X精子更具有敏捷性。

④X精子雖在體內生存三~四天，但Y精子只存活二十四小時。
⑤Y精子的鹼性較強，X精子的酸性較強。

若能在實踐「三步驟方式」之中巧妙地善加利用這些要素，則表示選擇生男生女相當有可能成功。將這五個特質記在腦海裡，進展至「男孩」、「女孩」的選擇生男生女法的實踐篇吧。

如此一來，便可懷上男孩！

步驟① 身體節奏為有利期、感情節奏為不利期的排卵日當天，是一大良機！

這並非夢想。只要能按照「三步驟方式」正確地實行，妳所祈求的「希望生一個男孩」的可能性，就會充分地提高，老天爺會真正賜與妳一個龍子。

就像將來將妳的心情「我是千盼萬望才生下你的哪」說給兒子聽一樣，請一邊好好地記住以下所說明的內容，一邊循序漸進地閱讀。

為了生育男孩的生理周期日曆一例

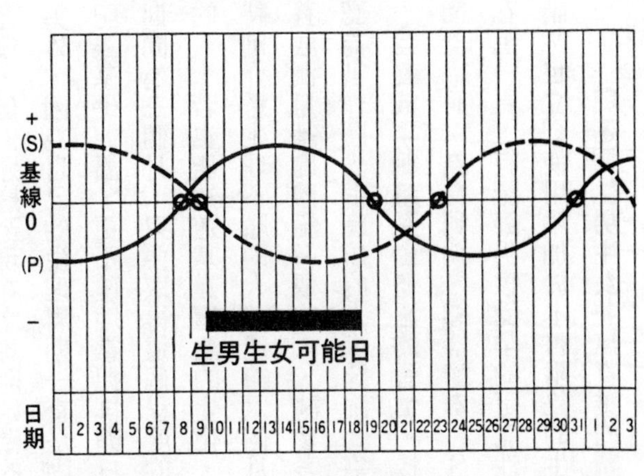

—— 身體節奏（P） ------ 感情節奏（S） ○必須注意日

因此在〈步驟①〉生理周期的活用上，一開始首先希望做到的事，便是知道妳「正確」的「排卵日」。

我希望特別強調「正確」的理由，是因為排卵日的恰恰好的當天，正是獲得男孩的機會日（實行日）。

這是因為有排卵的日子，一般而言，其後不久子宮內部的鹼性度就增加，甚至連平常都保持著酸性的陰道內，也帶著鹼性。

妳已經瞭解了吧？沒錯，因為決定性別為男孩的Y精子的鹼性較強，所以……

排卵日可以每天於一定的時刻測量體溫，從此溫度的變化預測出來。

雖然似乎也有人想平日就養成測量基礎體

溫的習慣，但仍遲疑至現在才想開始做的人，請立刻開始！

另外，因為自己的生理周期一直是固定的，所以也知道「排卵日是哪一天」的人，最好還是記錄基礎體溫，更正確地掌握排卵日，比較安心。

期間為三個月，只要取得這個程度的長期資料，便可更正確地掌握排卵日。而且，生理不順的人，若也能知道基礎體溫的變化，則連作出「排卵日即將來臨」的預測也變得容易了。

特別介意生理不順的人，連續六個月左右作記錄，大概比較確實吧。

養成測量基礎體溫習慣的人，請參考一二一頁的「排卵日的記錄方法」。

認為製作圖表很麻煩的人，請詢問藥局。便宜的價格便可買到。

一旦養成了測量基礎體溫的習慣，接著便進而製作太太的「生理周期日曆」。男孩是以身體節奏（P）為有利期、感情節奏（S）為不利期的時期，即是「選擇生男生女可能日」。

在前一頁，有記錄男孩受孕的可能性較高期間的圖表。

請妳也立刻使用添加於本書附錄的生理周期日曆用的貼紙，製作圖表（還有，由於知性節奏（I）與選擇生男生女並無直接的關係，因此，在此最好省略）。

以「O」的基線為界線，P處於有利期、S處於不利期的期間，即是「選擇生男生女可能日」。

重點在於，二個節奏以基線為界線要放在哪一個位置，可不能弄錯了。二個節奏並沒有交叉點。為了慎重起見，請千萬別搞混。

如何？只要查看生理周期日曆，妳就會明日在六個月之間有幾次機會循環著，自成一個周期了。

因此，不可輕易放心地說：「喔，機會日已足夠了，不是嗎？」

請在此圖表之中記入妳的排卵預測日看看。也許會令妳失望的是，一旦加上根據生理周期而來的機會日（可能日）與妳的排卵日重疊這個條件，其實愈是如此，機會就愈降臨。然而，若是確實「三步驟方式」，則有八十％的成功率，請不要放棄，努力不懈吧。

步驟②　妻子以蔬菜為中心，丈夫以魚肉為中心擬定菜單

〈步驟②〉為飲食的管理。希望生男孩時，從「選擇生男生女實行日的十天之前起，女性請以鹼性食品為主攝取飲食，男性則請以酸性食品為主攝取飲食。

提到關於我的選擇生男生女法的內容，飲食的管理在選擇生男生女成功率的八十％之中

，雖僅僅佔了二～三％的程度，但我仍要推薦各位去實行。

因為不知道如下的酸性食品或鹼性食品是什麽東西的人，或是有所誤解的人，出乎意料的多，所以先稍加詳細說明一下。

所謂的鹼性食品，是指在包含於食品的無機質之中，鈉、鉀、鈣、鎂等比起磷、離子、氯等的含量更多而言。蔬菜及水果等植物性食品，雖佔了酸性食品的大部份，但它們不一定限於如此範圍，也有例外，所以稍有麻煩之處。

一二八頁也有表，黃豆、紅豆、黑豆、青豆是鹼性食品，而豌豆及落花生是酸性食品。再者，豆腐雖是鹼性食品，但一成為油炸豆腐就變成酸性食品。海草類或加工的洋菜雖是鹼性食品，但海苔卻是酸性食品。葡萄酒雖是鹼性，但啤酒卻是酸性。而確實可靠的食品是「梅乾菜」。各位或許會回答：「絕對是酸性」。然而，鹼性千真萬確是鹼性食品。鹼性食品的別名也被稱為「鹽基性食品」，鹽分成為基準。也就是說，因為偏酸就斷定為酸性食品，是大錯特錯的。

各位是否已瞭解了呢？明白了這些之後，請夫婦兩人同心齊力實行「十天的飲食管理」。然後，請徹底地不忘記「以〇〇為中心攝取食品」一事。只吃偏向某一種屬性的飲食，連

希望生男孩時的菜單一例

	女　性	男　性
早餐	甘藍菜味噌湯、刀削薄海帶、蘿蔔乾、香蕉	甘藍菜味噌湯、培根蛋、海苔
午餐	甘藷煮檸檬、炒胡蘿蔔、豆芽菜、甘藍菜、牛乳	煎牛排、番茄汁
晚餐	五塊豆腐燴煮、生酒及薄片洋蔥的醋漬	葡萄酒生鮭魚、洋蔥拌乾松魚

（女生以鹼性食品為主攝取，男性以酸性食品為主攝取）

十天期間都不必，很快地就會出現效果。因為，身體狀況一旦破壞了，就要從頭做起，重新改善健康狀況。

那麼，在一六一頁舉出希望生男孩時的菜單例子來看。希望各位要特別注意的是外食。如果長期持續午餐或晚餐都在外進食，那麼，請回想一下此份菜單或一二八頁的表，注意攝取過於不合乎原則的食物，儘量參考表列的菜單去攝取飲食。

步驟③ 禁慾、深深地插入、達到性高潮！

「老師，如果按照教科書去做，那麼，僅僅做這麼多就可以選擇孩子的性別，是嗎？」如此的意見似乎一直聽得見。

的確，後面所談到的〈步驟③〉行房的方法，是藉由分析入微的解說，比起動人的力量或是其他感覺，讀者們也許更會落入一種「臨場感」。

因為是在「今夜的儀式」中出現答案，所以必須慎重地進行，以免失敗，得到事與願違的結果。

決定孩子性別為男孩的是Y精子，無論如何都不能輸給X精子。

自選擇生男孩日的5～6天起，夫婦應禁慾！

為了Y勝過X的作戰　其一〈禁慾〉

機會在排卵日當天來臨。實行日之前的五～六天請完全忍耐。先生也許特別辛苦，但太太又何嘗不是一樣。一直忍耐著，一到了「那一刻」，請射出「事先儲備」、「濃度最高」的精液。排卵日當天，陰道內的鹼性度達到最高值，而且因為濃稠、活力充沛的Y精子衝入，所以身為卵子選擇精力十足的Y精子的可能性，比選擇X精子的可能更大。

為了Y勝過X的作戰　其二〈性高潮〉

女性一達到性高潮，陰道內的酸鹼值（PH）就大大地產生變化。也就是，平時保持PH 4左右的酸性，但一感受到一次性高潮，就上昇至5～6。PH7為中性，PH6以下為酸性，PH8以上則為鹼性。

因為一次的性高潮，就有著相當的變化，若持續二次、三次，則將更進一步地提高鹼性度。先生應花費時間於使太太達到性高潮，請控制「猴急」的心情，一旦太太達到性高潮了，才射精。絕對不可以過早射精，以免壞了大事！

為了Y勝過X的作戰　其三〈體位〉

要使作戰一、二成功，我推薦下面所列舉的三種體位：

＊正常位——對女性來說，最有安全感，又容易達到性高潮的體位。因為女性的腳大大地張開，所以陰莖容易插入，甚至進入子宮內部深處。

＊後背位——陰道的狀態呈水平，陰莖很輕鬆容易的插入。射精之後，使女性的身體俯臥，躺下來。一將臉朝下趴伏，陰道就呈朝下的狀態，精液則一口氣流向子宮口。

＊屈曲位——正常位的變形。女性的腳大大地張開，但卻彎曲著。利用此一姿勢插入的陰莖，甚至達到子宮口，精液直接流向目的地。

無論哪一種體位，都要驅使自己喜歡（？！）的體位，至少，請將精子流向子宮內部深處

希望生男孩時行房的主要體位

（正常位）
女性具有安定感，
容易達到性高潮，
也樂於陰莖的插入

（後背位）
陰道形成水平，陰
莖的插入較易進行

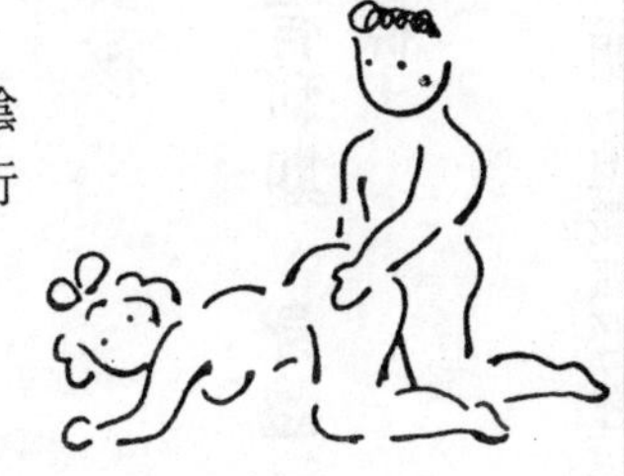

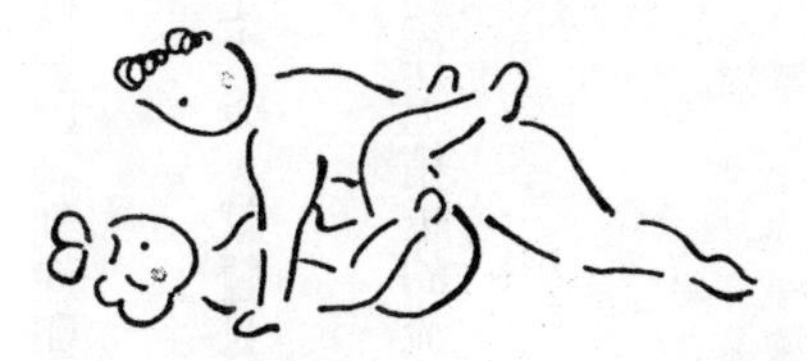

（屈曲位）
插入的陰莖達到子
宮口為止，精液一
口氣流到子宮。

，而且，請再深入一點往裡面插入。

陰莖愈是位於深處，射精也愈會在靠近子宮口的地方進行。因為到達卵子的距離也變得更短，由於周圍為鹼性地帶，因此對Y精子而言較有利。

如上述的方式去進行，射精已順利完成而房事也得到滿足之後，就暫且不要動，一聲不響地躺著（陰莖仍舊插入）。

雖是瑣屑的事情，但在此仍提醒一下，一有活動身體的動作，精子的流出就無法促進。

如此一來，便可懷上女孩！

步驟① 以感情節奏為有利期、身體節奏為不利期的排卵日之前二天為目標！

「啊，不禁慾可以嗎？」

希望受孕女孩時，後面雖詳加說明，但並無必要特別「禁慾」。不過，可不能讓一年只

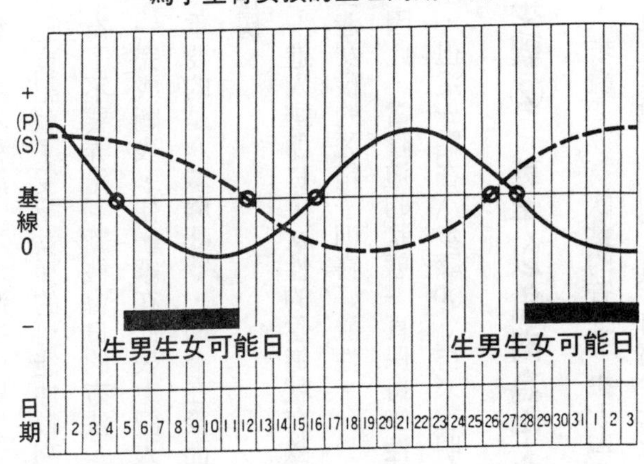

有三、四次的機會日（實行日）溜失。

以我的情形為例，最初在生男孩上獲得成功，就安下心說：「下一次可以不用禁慾了，真是輕鬆極了！」但是，當天岳母從岳家來訪，好不容易才有的機會，就眼睜睜地看著它溜失。這是許多人會有過的經驗。

那麼，在此就從〈步驟①〉生理周期的活用開始談起吧。

基本上，和懷男孩的例子是一樣的。

首先，調查妳的排卵日是哪一天？其方法，因為已在一一八頁及一五六頁的「如此一來便可懷上男孩」一項出現過，所以請參考之。

然後，製作太太的「生理周期日曆」。

女孩以感情節奏（S）為有利期、身體節

奏（P）為不利期，為「選擇生男生女可能日」。

上頁記載了受孕女孩的可能性較高時候的範例圖。

為了不要弄錯判斷機會日的方法，請製作六個月份的生理周期日曆。

一完成圖表，便繼續在此表上記入「排卵預測日」。

重要的是〈步驟③〉，即會在後面說明的一點：如果希望女孩，那麼應避免在排卵日當天行房。

一進入排卵日，女性的陰道就有鹼性的分泌物侵入。喜好鹼性的，是製造男孩的Y精子，製造女孩的X精子則喜好酸性。

因此，當陰道的狀態一直保持酸性時，便表示所謂的機會日（實行日）。雖也有其他的理由，但這一點在〈步驟③〉再來說明。

步驟② 妻子以魚肉為中心，丈夫以蔬菜擬訂菜單！

〈步驟②〉為飲食的管理。攝取與希望生男孩時完全相反的食品。

也就是說，一到了實行日將於十天之後來臨時，只要女性以酸性食品為主攝取食品，男

希望生女孩時的菜單例

	女　性	男　性
早餐	加入絞肉及洋蔥的軟煎蛋捲、可可	炒甘藍菜、胡蘿蔔、豆芽菜類或青椒、牛乳
午餐	竹莢魚乾、海苔、炒小菜、蘋果	便當（馬鈴薯與菜豆煮在一起的菜飯）、香蕉
晚餐	爆炒（牛肉，海扇貝、墨魚、洋蔥、胡蘿蔔）、蘿蔔泥、番茄	爆炒（蛤蜊、香菇、洋蔥、馬鈴薯、茄子、青椒）、蘿蔔泥、蘋果

（女生以酸性食品為主攝取，男性以鹼性食品為主攝取）

性以鹼性食品為主攝取食品即可。

所謂的酸性食品，是指在包含於食品的無機質之中，磷一離子、氯等比起鈉、鉀、鈣等含量更多的食品而言。含有蛋白質、脂肪、碳水化合物等等的動物性食品，成為其主要的食品。不過，奶油雖是酸性食品，但牛乳卻是鹼性食品，所以必須注意！

除此之外，關於鹼性食品請再一次參考一二八～一二九頁的食品成份表，以及從一二四頁起的〈步驟②〉。

由於我十分喜歡蔬菜，因此，女孩的選擇生男生女時十天的菜單限制，非常輕鬆快活。這個變化中，對妻子來說，以魚肉為主的菜單似乎相當困難。飲食管理若能兩人同心齊力實行，則效果也較大。因為一天很容易就過去的，所以忍耐，忍耐吧！

〈步驟③〉不用禁慾，淺淺地插入，進行輕鬆的行房

關於〈步驟③〉行房的方法，女性也許會有所不滿。

因為，毋寧保持平日的原有模式（？）為佳，尤其最好不要對丈夫說：「爸爸加油！」，可能較無情趣。

選擇生女孩日的實行日為排卵日二天之前

決定性別為女孩的是X精子。無論如何，不能輸給Y精子。

為了X勝過Y的作戰　其一〈禁慾〉

排卵日當天的房事，應絕對避免。因為沒有必要為了那一天事先採取更為濃稠的精液。希望生男孩時的禁慾，並無必要。妳所想要的是形成女孩的X精子。因為Y精子活力充沛地泅泳，反而是一種干擾，所以不必禁慾。

實行日為「排卵日的二天之前」。

理由是，因為排卵日陰道周邊的鹼性提高，為了避免使陰道的鹼性變高，所以應避免當天行房，而提前在二天之前。再者，射精一經過二天之久，Y精子的活力消失了，剩下的只有X精子，因此更有利於生女孩，為了慎重起見，在機會日（實行日）的二天之前，或三天之前，再進行一次房事，不儲存先生的精液大概也很好吧。

為了X勝過Y的作戰　其二〈禁止性高潮〉

一進行了輕鬆簡單的房事，生出女孩的可能性就很大。女性在達到性高潮的同時，因為男性一射精陰道就變成鹼性，所以Y精子十分活躍，於是生男孩的可能性變高了。

因此，請在女性達到性高潮之前射精。此表示，最好連前戲也不做，女性方面也許會留下不滿，但也是無可奈何的。

雖然似乎是乏味的房事，但為了要選擇生女孩，行房的時機掌握得宜很重要的，所以請忍耐。

為了X勝過Y的作戰　其三〈體位〉

重點在於「陰莖儘可能淺淺地插入」。

希望生女孩時行房的主要體位

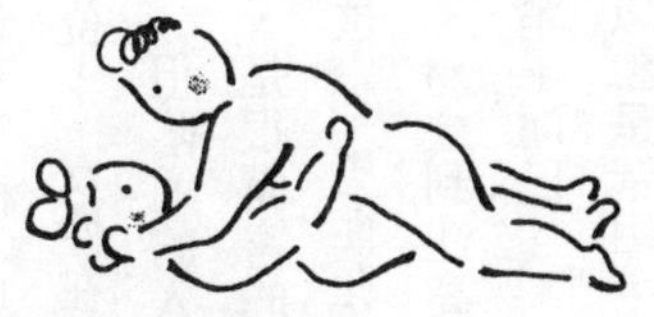

（伸長位）
陰莖容易插入，容易達到性高潮

（騎乘位）
由於陰道口朝下，因此精液容易進入子宮

（側臥位）
結合的程度淺，容易達到高潮

＊伸長位——因女性的腳直直地伸開著，所以陰莖不易深深地插入。不深深地插入，表示對女性的刺激較淺，僅僅如此，就不易達到性高潮。因此，因為陰道內一直保持酸性的狀態，所以X精子變得不易活動。先生請在太太「達到性高潮之前」射精。

＊騎乘位——女性在男性的上方，由於抬起上體，陰莖可以完全垂直插入。因為陰莖雖深深地插入，但陰道的入口卻朝下，所以被射出的精液宛如噴泉一般，朝向子宮往上流入一發不可收拾，是很厲害的。若時間經過，則Y精子就脫隊落伍，而X精子存活下來。

＊側臥位——男性在女性的旁邊，以睡覺的姿勢行房，所以淺淺地插入。若女性也採同一姿勢，則不易達到性高潮，在呈酸性狀態的陰道之中，Y精子無法存活下來，能到達子宮的，只有X精子而已。

這些可以說是選擇生女孩，以平淡的行房方式最為重要。

不過，請注意實行日之前的房事頻繁過度。因為，有時會造成受精能力下降。

莫忘營造實行日的氣氛！

說到哪一個比較容易，生男孩時比起生女孩的指導容易得多了。

關於生理周期的指導，並沒有所謂生男孩或生女孩的問題，兩者都是按照相同的原則，

但是，說明行房的方法時，稍微有點不易著手，會有棘手的情形。

希望生男孩的夫婦，可以由先生說：「太太，請回想一下新婚當初的情景，讓我愛撫吧！」這便是好的開始。

不過，希望生女孩的時候，太太必須說：「請行房事時輕鬆一點，請文雅一點。」

為什麼呢？請閱讀一七〇頁，為何這樣比較不易成功呢？和我以電話等方式諮商的對象，幾乎都是女性，男性接受建議的例子並未開始。若以數字來說，二百人之中才有一人吧!?所以，還是要視情況而決定由何方主動。

然而，提到關於行房一事，我認為實際上男性的「角色任務」較多。因此，被女性方面提醒說：「呃，再稍微做一點細膩的動作。」就必須具體地說：「請讓我如此做……」而這

選擇生男孩的行房方式，是裝飾花卉，鬆弛氣氛

即使是我，也有一點難以回答。

希望生男孩時，為了營造當時的氣氛，試著換穿粉紅色的睡衣、裝飾花朵、拿出相簿回憶新婚旅行時的情景，都是很好的點子。因為，即使僅僅做了這些，便可以使先生的心情恢復年輕，對待太太能以比平日更新鮮的心情「發動攻勢」，所以一點點變化也很重要。這麼一來，先生是否會喜歡呢？——對於太太的疑慮，正因為我也有所實際體驗，所以可以談論各種問題，提供建議。妳可以說：

「這是老師的指導，所以不努力以赴是不行的。」或是「因為書上有寫到，今天不疼惜憐愛我是不行的。」…等等。即使被提醒仍不進行的，總是男方……。

第四章

生理周期對胎教及育兒也有效

若利用生理周期胎教的效果也會提高

製作預產期之前的生理周期

至此，妳已實踐「三步驟方式」，按照預定受孕了。之後，就只剩下期待健康活潑的小嬰兒誕生了。雖然「為了選擇生男生女該做的都做了」，但之後也許會有「只能作祈禱，將一切交給神去安排」的心情。然後，說著諸如此類的話：

「長期間不離開腦海，謹記在心，這份加了紅框的生理周期日曆即將永別了。就當作紀念放著吧！」

也許有人會只對六個月份的生理周期日曆說一聲：「您的任務大功告成，免職了！」再度將它放入抽屜裡。然而，請稍等一下，妳的生理周期日曆仍可加以「活用」！在此就向它告別，未免言之過早了。

本來，生理周期日曆是預先將人的身體狀況，及行動的有利期或不利期告知給我們的信息。也就是說，為了「選擇生男生女」而製作的生理周期日曆，可以更進一步地活用於各種

利用懷孕期間的生理周期進行母子雙方的健康管理

領域。舉例來說，它對懷孕中的妳的健康管理，或防止造成妳的嬰兒影響的意外事故等等，也有所助益。

因為煞費苦心才製作完成，所以請再稍微與生理周期日曆「打交道」看看，如何？

至少，在預產期那一個月為止的生理周期是必要的。

由於以為妳的生理周期日曆一定連預產期也沒有（因為在我的指導之中，是以六個月份為單位而製作生理周期日曆，所以或許連預產期那一個月份的日曆也付之闕如），因此，應事先更加延長製作足夠日期的日曆。

（還有，求取指數等生理周期日曆的製作方法，在基於選擇生男生女以外的目的而加以活用的時候，由於與一〇五頁所介紹的方法並無不同，所以在此省略，請自行參考）。

加上身體及感情的因素，知性節奏也成為必要的節奏

其次，還有另一件重要的事情。

選擇生男生女法所必要的生理周期，只有「身體節奏」及「感情節奏」。然而，觀察妳的生活狀態或為了防止事故的有利期及不利期的時候，「知性節奏」也大大關係著結果。

因此，生理周期日曆上也必須加上知性節奏的曲線才行。知性節奏的指數，仍然是以與身體節奏及感情節奏完全相同的方法求得。

而且，如果可以計算出指數，那麽，本書所附錄的知性節奏的曲線，是將印刷的生理周期貼紙（┆───┆的曲線）在指數的日期處剪下，仍然一樣貼在添加在附錄的「卡片」的左端（一日的位置）。

還有，知性節奏的基本周期雖然是三十三天，但由於一個月是二十八天、二十九天、三十天、三十一天其中的一個，因此，請不要弄錯作為境界線的日期。

懷孕期間的狀況良好或不佳，「知性節奏」也有其影響

母親的元氣是嬰兒的元氣

妳認為嬰兒的身體節奏、感情節奏、知性節奏是在何時開始的？

嬰兒的生理周期在出生之後，亦即從母親的胎內出來的同時就開始了。

此事意味著，待在母親腹中的胎兒是照著母親生理周期的狀況不斷地成長。

若換句話說，則表示胎兒一面受到母親生理周期的影響，一面又該形成人類，一直成長著。

因此，懷孕中的母親應儘可能保持健康，壓力及擔憂的事情也愈趨減少，過著平穩的生活，可以說是最重要的。

如果母親元氣十足、活力充沛，那麼嬰兒也會健康活潑、精力無窮。雖然可能會很麻煩、辛苦，但請要具有「我是母親」的自覺，多加注意健康。

在三個節奏的三個時期，各自具有最適合的度過方式

身體節奏、感情節奏、知性節奏這三個節奏，給予懷孕中的母親什麼樣的影響呢？每一個節奏的意義及角色，以及其利用法，都很不同，在談論有關這些問題，先試著復習一下關於在「三步驟方式」之中也不斷出現的「必須注意日」或「準必須注意日」的問題。

誠如妳已瞭解的，所謂的「必須注意日」，是指位於生理周期的曲線，從不利期轉變為有利期，或者從有利期轉變為不利期的那一天而言，而且也是在附錄的生理周期曲線之中加上〇記號的日子。它恰好是成為有利期與不利期境界線的基線位置。而「準必須注意日」則指其前後各一天而言。

那麼，所謂的「必須注意日」是指什麼日子呢？

我將身心狀況變得不穩定的日子稱為「必須注意日」，將其前後各一天稱為「準必須注

意日」。

身心狀況不穩定的日子，表示請特別注意日常生活，但在讀者之中，也許有人會認為：「那麼，因為生理周期顯示出不利期的期間為低潮，所以這段期間全部都是必須注意日，是不是呢？」

事實上，在勾畫出生理周期的「曲線」上，分別各自具有象徵性的意義。

也就是說，一適用於人類的日常生活，有利期的時期就相當於「白天的活動期」，不利期的時期則相當於「夜晚的休息期」，而且，「必須注意日」（加了〇記號的日子）相當於睡起或入寢的「迷糊（不安定）狀態」。

而特別是處於「迷糊狀態」的「必須注意

日」，最容易發生遲鈍、糊塗及交通事故等各種各樣的事故。

就此意義而言，生理周期處於有利期時，應積極地採取行動，而處於不利期時，則應注意不要工作過度、導致積勞成疾，只要僅僅在「必須注意日」（一個月有六～七天）特別注意而生活，便可減少遲鈍、糊塗及交通事故等的發生。

但是，在我的選擇生男生女的「三步驟方式」之中，以○表示「必須注意日」，這是因為在製作生理周期的方便上，採取平均，因為將嬰兒選在正午（十二點）出生，所以採用以正午為中心圈起○記號的方式。如此一來，誤差最大有十二小時。一般而言，生理周期曲線多半以上午零時出生為假定時刻而描繪，那麼誤差最大就有二十四小時。○記號比較容易查看也是一項優點。另外，將必須注意日的前後各一日稱為「準必須注意日」。

那麼，提到這些「必須注意日」應如何度過才好？我認為是「不勉強」。

比方說，我對想要實踐選擇生男生女的人，不將「必須注意日」列入「選擇生男生女可能日」之中而作指導。也就是說，我一向指導他們：「為了選擇生男生女的房事，請避免這些日子。」

「必須注意日」是生活的節奏從高峰期一口氣改變成低調期的日子，且身體狀況變得非

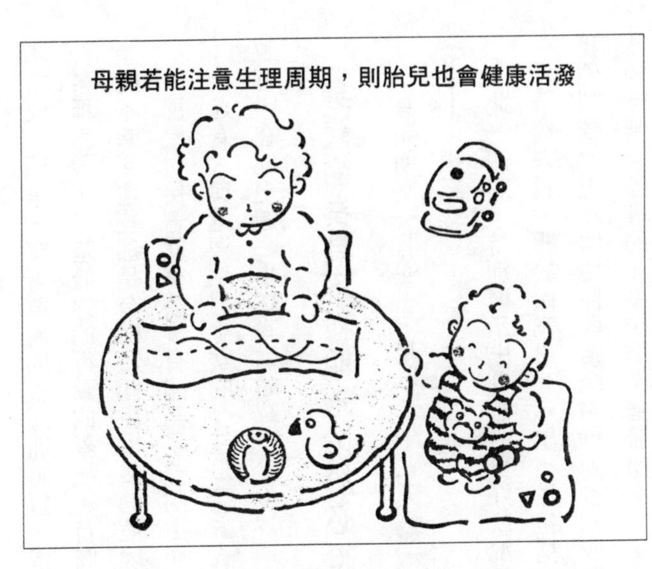
母親若能注意生理周期，則胎兒也會健康活潑

常不穩定。

說到這是什麼樣的狀態？頭腦的迴轉變得遲鈍，心不在焉地，先前也說過的，簡直就像早晨剛起床一樣的感覺，昏昏沈沈的。

而且，根據我的調查得知，實際上此一時期是夫婦爭吵、浪費時間及金錢、工作的失誤、交通事故等等的集中期，似乎專做失敗的事情及後悔的事情。

那麼，妳已明瞭在如此的生理周期之中，一定有著應特別注意的日子了嗎？

因此，希望懷孕的人要特別考慮腹中胎兒的一切，注意「必須注意日」那一天的健康及行動。

即使有一點點程度的寒冷，也忍受下來而

不當成一回事，穿著單薄的衣服而感冒，或是後悔於衝動購物的行為，累積了壓力，或是雖有各種原因，但基於妳的行動的緣故，有時腹中的胎兒愈來愈不能保持安穩的狀態，發生流產的不幸。這些都是有礙於胎兒生長的危險行為。

那麼，接著就來談談有關為了控制生產的女性，各節奏所具有的特徵及其活用法。

還有，與選擇生男生女的「三步驟方式」有關的各章，雖已敍述過，但為了讓讀者更加瞭解，在此更進一步作詳細的解說。

身體節奏為不利期時，於必須注意日勉強行事是一大禁忌

身體節奏（P）——是以二十三天為一周期的節奏，本書所附錄的透明貼紙是以實線（——）標記。

此一節奏，特別顯示出身體的良好狀況及不佳狀況。

舉例來說，關於做家事、外出（也包括旅行）、運動、行房等「行動」及「體力」，為我們判斷「現在即使採取積極的行動也不成問題」，或是「因為現在容易受傷，所以最好適當地控制」等等的節奏，即是身體節奏。

另外，由於懷孕中身體狀況特別容易產生變化，因此若能知道自己的生理周期，則不單是母體，對胎兒的健壯成長而言，也成為不利的因素。

雖然整個上午身體狀況十分良好，但一到了午後就突然變得困倦、慵懶。還有，和昨天相比化妝的效果變差，大概有不少人有過諸如此類的懷孕經驗吧。

無論如何，由於在腹中有一個生命將被帶到這個人世，每天繼續不斷地成長，因此腰痛、孕吐及腳部浮腫等障礙是在所難免的。這是男性連想都想不到的身體變化。

也就是說，身體上變得相當纖細靈巧。此事導致孕婦對於身體節奏也敏感地作出反應（處於有利期或不利期都有不同的反應）。

因此，若知道懷孕期間的生理周期，不對身體狀況的變化作出勉強的行動，適時從事於家事或運動，則表示將可迎接順利平安的生產。若母親身體上過著安定的生活，大概也不會給予胎兒的成長不良的影響。

順帶一提，所謂的胎兒，是指受孕之後約八～十一週，剛剛第三個月開始的胚胎而言，在此之前，都被稱為胚胎。

◇身體節奏為有利期時◇

從身體節奏的周期開始第三天起至第十一天止（預產期之前節奏的每一周期，一直以此周期循環不息。以下，關於各節奏都一樣）。

此一期間為高調期，且體內的精力充沛，具有耐力、朝氣蓬勃，充滿了活力。

街逛購物、編織或做洋裁、到娘家去報告自己的身體狀況、打掃、散步，或者可以去游泳等，在不勉強的程度內外出或運動。再者，我要建議根據場合而定，也在此一時期行房。

不過，懷孕初期及後期的房事，流產的擔憂也很大，所以請特別注意這一點。

懷孕中仍繼續工作的人，即使可以出外工作，有時可能仍會感到相當辛苦，所以，至少縱令在家中身體處於良好的有利期，也不做勉強的行動。

除此之外，浴缸的清洗或棉被的拿上取下等工作，就請先生幫忙妳吧。

還有，蛀牙的治療或頭髮的整理（燙頭髮、修剪）等等瑣事，也最好能在此一時期找時間完成。

◇身體節奏為必須注意日時◇

治療蛀牙或到美容院，應選在身體節奏的有利期

身體節奏的周期從開始的第一天、第十二天、第十三天及第二十四天（○記號的日子）等四天為必須注意日。

此一時期，最容易發生生病或意外事故。由於懷孕中往往產生特別容易引起的症狀（貧血、頭痛等），因此出遠門、運動、舉起重物等對身體勉強的動作，最好是打消念頭，比較安全。

懷孕中的人，因為在身體節奏為必須注意的日子，上下樓梯或步行時跌倒、絆倒、滑倒等意外事故特別多，所以請謹慎小心。如果不留神跌倒撞擊到腹部或腰部，那後果就不堪設想了。

另外，雖必須注意日，卻過度緊張於家事

等瑣事，自認身體狀況良好而要做點事，整個人精神繃緊了，疲累累積下來，之後也許就恍恍惚惚地說「真辛苦哪……」

無論如何，此一時期最好輕鬆度過，「小生命」也比較能鬆弛下來。

在選擇生男生女的「三步驟方式」之中，我雖指導避免在此一時期「實踐」（也就是為了選擇生男生女的房事），但似乎懷孕中的人，還是節制行動比較好。

◇身體節奏為不利期時◇

身體節奏的周期是從開始的第十四天至二十三天止。

此一期間，是使用過後「為了補充精力的休息期」，請考慮為低潮期。

也就是說，因為精力逐漸消失，所以有人到附近的超市買一下東西等等，只是一些瑣碎小事就疲累不堪。

就缺乏精力的原因而言，集中力消失、壓力累積，為了使嬰兒的心情不會惡劣，請此一時期攝取充足的睡眠、營養及休息，自由自在、悠閒舒適地生活。

另外，回故鄉過鬆弛的日子大概也很好吧。我認為，如此不但可以轉換心情，而且能平安無事地克服不利期。還有，開車、旅行、運動、需有毅力的作業（編織之類）等等，似乎在有利期來臨之前，忍耐不去碰比較好。

談到不利期及必須注意日如何不同?由於不利期為精力的充電期間，因此應是不做過於勉強之事的時期。

而且，由於「必須注意日」恰好是有利期、不利期準備轉換的最不安定時期，更是應該充分注意的日子。

結果，任何一個時期都應該是「勉強為一大禁忌」的一時期。

感情節奏為有利期時可以產生胎教

感情節奏（S）——是以二十八天為一周期的節奏。附錄的透明貼紙是以虛線（……）標記。

此一節奏，特別顯示出感情的安定及不安定。

舉例來說，夫婦吵架、因一點點小事就悶悶不樂，連原因都不清楚的焦慮不安，還有在另一方面，想要聆聽明朗的音樂、想要和某人說話等等……。為我們判斷感情的起伏或好惡等心理動向，便於巧妙加以控制的節奏，即是感情節奏。

那麼，為何母親一焦慮、煩惱，腹中的胎兒就遭殃了呢？

這是因為，母體一顯現出精神上的動搖，荷爾蒙及血液中的成分就會發生變化，基於這個原因，不但引起胎盤等部位的障礙，而且每一種障礙都傳遞給胎兒。

◇感情節奏為有利期時◇

感情節奏的周期，是從開始的第二天至第十四天止。

此一時期，雖朝氣蓬勃、精神飽滿，但可以成為樂天派，而且也具有協調性，可以說是氣力旺盛的良好期。一般認為，女性最容易受到此一節奏的影響。

所謂的太太不易焦慮、鬱悶，大概是指沒有特別激烈爭吵的夫婦，而且必定能與婆婆和睦相處、關係良好。

另外，在心情喜不自勝的此一時期，去買嬰兒用品大概也很好。

還有，由於不可以過於慵懶無勁，因此也要做做整理五斗櫃、打掃細微的地方等等，非常麻煩的事情也去整頓一下！因為感受性也變得豐富，所以看電影、看錄影帶、聽音樂、觀

在感情節奏的有利期聆聽優美的音樂，確實是一種胎教

賞繪畫，都成為一種轉換心情的方式，可能不錯。

不過，出外鑑賞繪畫或電影的時候，因為進入平日不太常去的電影院或廳堂，非但不快樂，反倒會因人潮而疲累萬分，造成反效果，所以應不可過於得意忘形，適可而止才好。

但是，胎兒從妊娠之後約第二十週左右起聽覺就愈來愈發達。因此，準媽媽一旦因與準爸爸的交談而笑容滿面，或是心情優閒地聆聽音樂，這些聲音就會成為胎兒所捕捉的聲音來源。

而且，胎兒不僅捕捉聲音而已，同時自己本身也感受到「身心的安適」，給予胎兒一種平安喜樂的安全感。

不過，無論音樂鑑賞也好，名畫鑑賞也好（所謂的胎教，意識到藝術方面尤多……），平日完全不關心的事情，卻說：「因為很美，所以必須讓腹中的胎兒聆聽才行……」我無法建議準媽媽一味地勉強自己的眼睛或耳朵。

即使平日並不太喜歡，也忍耐著聆聽無聊且令人立刻想睡覺的古典音樂，說者：「為了胎教的緣故！」那也起不了任何作用。毋寧說，基於感到痛苦的忍耐，那種痛苦也會立刻傳遞給胎兒。

母親雖然感到痛苦，但胎兒卻鬆弛舒適？諸如此類的事情就聞所未聞！「藝術」等事物若不勉強灌輸，而將自己的興趣教給小寶寶，那將會如何呢？……在有利期，就連準媽媽的美聲（卡拉ＯＫ？）也應讓小寶寶聽一聽！

◇感情節奏為必須注意日時◇

感情節奏的周期，是開始的第一天、第十五天、第二十九天（○記號的日子）。

由於這一天感情非常不安定，因此，對妳腹中胎兒的成長抱著不安，或是夫婦兩人吵架，還有失言的情形也日益增加，尤其是抵抗先生，形成對立的局面，更是家常便飯。

孕婦一旦焦慮不安，胎兒也會有壓力

因為懷孕中即使不是如此，神經也會比平日更敏感，所以，尤其是在感情節奏為進入必須注意日等日子，這種容易激動的程度也超過平日。即使是與家人談話，也會因小事而爭吵或失言，人際關係容易趨於惡劣。

另外，有時是焦慮不安，不夠沈著鎮靜、煩悶憂鬱。胎兒從第十六週左右起就有「胎動」。胎兒活動手腳、踢妳的腹部，母親本身可以感覺得到。

不過，母親一旦精神上焦慮不安、爭執吵嚷，胎兒就會失去活潑的胎動，胎兒方面也感受到精神上的壓力。

所謂的胎動遲鈍，是指胎兒的成長僅到如此程度，不再有所進展而言。由於胎兒有著希望成長的慾求，因此造成非常大的妨害。

我認為，如果可以獨自控制焦慮不安或不分好歹地與人衝突對立，那麽將是何等的完美。然而，總是無法達到如此的地步。

因此，為了儘可能不感情用事，請每位家人協助也很好。而且，希望妳在所有家人平和的氣氛之中，迎接一個美好的生產過程。

因為，妳現在是兩個人份的身體！

雖然似乎有點重複，但在此再嘮叨一下，談到此一時期為何具有焦慮不安、爭執喧嘍的傾向呢？因為，此一時期「連注意力也變得散漫」。因此，無法集中於思考事物上，整個思緒不能運行，出現焦慮不安的情形。

無論如何，一旦「必須注意日」來臨了，便應聽聽喜歡的音樂、看看錄影帶，放鬆心情悠然自得地生活。

◇感情節奏為不利期時◇

感情節奏的周期，是從開始的第十六天起至第二十八天止。

平日根本沒有這樣的情形，卻竟然……愈是如此想，不知為何愈是焦慮不安，無法平靜下來。再者，做什麼事情都很奇怪地變得很消極，如此的心情低落沮喪的低潮期，便是感情節奏的不利期。

因為平日根本沒有這種情形的人，變得悶悶不樂，沒有沈著鎮定的心情，所以平日一說到某件事，脾氣就激烈起來的人，激烈程度也會變得更加嚴重。

因此，這樣的人（雖然由自己去判斷自己的性格是很困難的，但是……）應儘可能地避免外出，就連瑣碎的工作也延後幾天，品嚐美味的食物、考慮孩子的命名，努力於悠閒舒緩地過日子。

妳無法安眠的情形，小寶寶也會敏感地受到妳周遭的人亂發脾氣。而且，縱令是胎兒也一定會垂頭喪氣，感受到被冷落了。

另外，我認為正是這樣的時期才應為小寶寶做一些事情，外出看畫展、戲劇表演、電影、演唱會都很不錯。因為動不動就容易沮喪、憂鬱等也很多，所以這些事情可使心情煥然一新，若和先生一起參與，當然更具效果！

知性節奏可以提高有利期時胎教的效果

知性節奏（I）——是以三十三天為一周期的節奏。附錄的透明貼紙是以線點線（-·-）標記。

此一節奏，顯示出知性活動是狀況良好或狀況不佳。

在選擇生男生女的「三步驟方式」之中，知性雖無必要，但懷孕中及生產後的育兒等，在日常生活上，此一節奏可以大加利用。

當然，不僅是女性而已，在各種領域之中，無論男性或女性都能活用。

那麼知性活動是指什麼呢？難道是讀書嗎？還是指其他的活動？是的，讀書正是知性活動的本身。然而，在生理周期之中所說的「知性活動」具有更為廣泛的意義。

「明天的便當菜，因為剩下○○，所以就做一道○○吧……」如此的「思考力」。

以及說：

「啊，糟了。今天是結婚紀念日，竟然漫不經心地忘掉了。」如此的「記憶力」。

還有說：

知性節奏處於有利期時，可以寫信，或是讀書

「嬰兒的手套及襪子要配什麼樣的顏色、什麼樣的款式呢？」如此設計東西的「創造力」。更有說：

「下個月絕對要出現黑字給人瞧瞧！」抱著厚重的家計簿的「推理分析力」，而且加上說：

「不行，現在正是精彩之處。」不離開錄影帶的播映的「集中力」等等，這些衆多能力，也稱為理性或知性的作用。

為何選擇生男生女不受這些理智的行動的影響？也就是說，為何知性節奏無關乎選擇孩子的性別？談到這一點，答案即在於所謂的「生殖」的工作是來自於一種生物的「生理現象」。因為，對於生理現象思考力等等並不能適用，所以兩者並無關係。

◇知性節奏為有利期時◇

知性節奏的周期，是從開始的第二天起至第十六天止。

此一時期，思考力、記憶力、創造力……，一切全都清晰靈敏。因為也是比平日更具判斷力及決斷力的時期，所以這時候重要的是，以信函向婆婆報告近況，或是增長生產之後做月子方法的有關知識，享樂創造性的生活。

另外，若自己也感覺到「比平日更具理性」，則這是一則非常好的消息。

也就是說，若變成如此的心情，則縱令身體節奏及感情節奏進入不利期，心情低落沮喪，也可以用理性克服一切，超越障礙。

還有，此一時期也具有胎教的效果。因為具有集中力，所以讀書，畫畫都很好。

◇知性節奏為必須注意日時◇

知性節奏的周期，是指開始的第一天、第十七天、第十八天、第三十四天(○記號的日

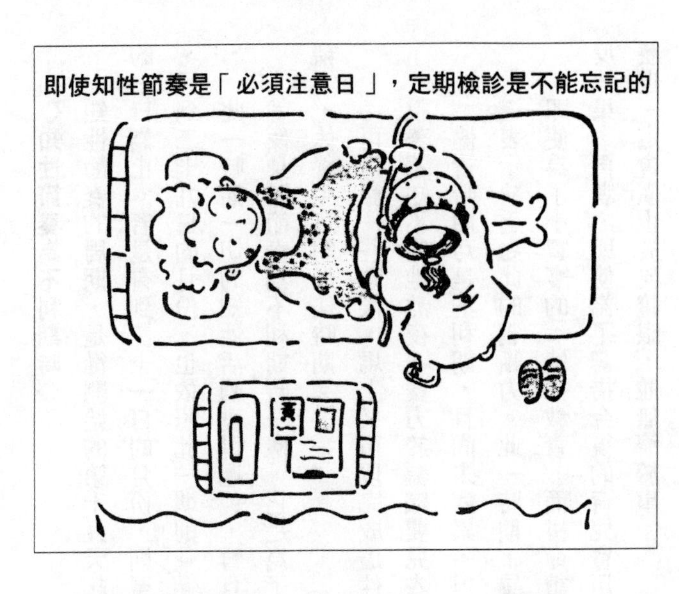

子）。這些日子，因為是智力最為遲鈍的時候，所以不加思考的失敗或一時忘記事情等等，都是屢見不鮮的情形。在此再三叮嚀孕婦們，唯有定期檢查不要忘記！

另外，無法冷靜地判斷事物、夫婦爭吵、比平日更有憤怒的傾向，遷怒於孩子、虐待孩子，與婆婆無法和平相處等等，是特別容易發生糾紛的日子。

還有，極度缺乏集中力也必須注意。因為腦海之中迷糊混沌，沒有集中力，所以有時會聽不見別人說的話，或是忘記別人請託的事情。此一時期，請多加注意「不慌不忙、不焦躁、不心急」一點。

◇知性節奏為不利期時◇

知性節奏的周期，是從開始的第十九天起的十五天（若是只到三十日的月份，則至翌月的三日為止。若是有到三十一日的月份，則至翌月的二日為止。另外，只到二十八日的月份、只到二十九日的月份，也依照此一準則）。

此一時期一切的知性活動變得遲鈍，暫且呈「休息」的狀態。

就像身體節奏為不利期時一樣，它是為了有利期可以精神飽滿、活力充沛地活動，補充精力，休養生息的最佳時期。

「再稍微一些時候，馬上又可以完成這件可愛的嬰兒服了！」

說著不知不覺地熬夜，賣力於編織嬰兒衣物，之後疲累忽然來襲，陷於後悔不已的境地。

「儘管時期乃是不利期，且尚未疲累，但差不多就適可而止吧。」

這表示缺乏如此的判斷力。此一時期，畢竟仍是精力的充電期間，這一點應好好地想通。

即使為了小寶寶的「情操教育」而拼命讀書也容易睡著，一旦過於勉強自己，就會出現反效果，再者，即使為了籌措今後的育兒費用而斤斤計較於家計簿上的數字，瞪了又瞪，那麼也一定會僅止於乾瞪眼，並無濟於事。

此一時期，寧可不使用頭腦，掃除家屋、整理工作，只要悠閒自在地過日子即可。而且思考、讀書等事情，在有利期來臨之前應延緩，能拖就拖。

在瞭解截至目前為止我一直談論的問題之後，生理周期為有利期時應積極一些，不利期時恰如其份地稍加節制，而且，「必須注意日」請慎重地行事。

如此一來，家庭將變得明朗，連糊塗或發生事故等情形都不會發生。我保證，妳將可以在平穩之中迎接生產日，在美好的氣氛之中享受有子萬事足的喜樂。

以生理周期善加育子！

小寶寶誕生了！三個必須注意日重疊在一起

剛剛出生的小寶寶，情緒並不穩定。

因為，此一瞬間，生理周期開始了。

此事表示身體節奏、感情節奏及知性節奏全都顯示「必須注意日」（參照三九頁）

雖說是人生第一個日子，但她（他）卻心情不佳，感覺很不舒服。

「哇、哇！」這樣的哭泣聲，事實上與其說是傾向於健康活潑的第一聲，也許不如說是訴說「救救我？真刺眼！不能呼吸了！」的痛苦叫喊聲……

無論如何，因為三個節奏同時為「必須注意日」，所以這是很辛苦的一刻。

連我們大人們，如果一碰到這樣的日子，就會說：「今天應停止做過於勉強的事情！」注意這一天全天的行動。況且，在此之前一直照著母親的生理周期不斷成長的小嬰兒，現在突然實際感受到自己的生理周期。或許是他們心中在質疑：「這裡是哪兒？我是誰？」充滿了不安吧。

但是，因為以生理周期實踐了選擇生男生女的妳，或許已經瞭解小寶寶的情況，所以妳大概可以出聲對小寶寶說：

「沒關係，因為一到明天就面臨有利期了，所以心情會一點一點地轉好喲。」

另外，不可忘記的是出院之後的事情。小寶寶尚未開始磨人、纏人呢！因為，身體節奏、感情節奏、知性節奏從有利期轉移至不利期，相繼地降臨在嬰兒的身上。

從出生之後的第十二天起是身體節奏、第十五天是感情節奏、第十七天是知性節奏，每一個節奏的第二次「必須注意日」會來臨。對母親而言，小寶寶出生之後的二星期左右，雖

然似乎產後的疲累突然地來臨，但對小寶寶而言，這是一個情況非常不好的時期。

夜晚啼哭，給小寶寶吃奶也總是無法好好地喝下去，若母親一方變成睡眠不足，去照顧小寶寶，也許就會發生原因不明的心情惡劣情形。

在出院的喜悅的同時，一天換好幾次尿布，餵好幾次奶，除此之外，還要操心每位家人的三餐，做一個母親真是忙碌不堪。很快地，疲勞就像硬塊一樣積聚下來……但是，希望此時，妳仍應注意小寶寶的生理周期。

小寶寶也有自己的生理周期，遵循著規律性的節奏。不過，他們尚無法自行控制情況艮好、情況不佳的變化。做母親的及所有家人必須幫他們注意一下才行。

因為漫不經心地忘記，身體節奏為必須注意日，但卻帶小寶寶去參拜地方保護神或回娘家，以致傷風感冒，這樣的例子時有所聞。為了寶寶好，反而產生了不好的結果，那就沒任何意義了。

若能掌握小寶寶的生理周期，則當小寶寶夜晚啼哭停不下來，總是不立刻就寢或不吃母奶時，便可明白：

「啊，今天是小寶寶的必須注意日哪！」

「從昨天起進入不利期呢！」

妳也可以利用這種「預估」法，來考慮育兒的方法。

對於孩子的必須注意日的應付法

我認為，責備孩子的「時機」也很重要。當然，這是指配合孩子的生理周期而言。

有些日子，無論如何去責備孩子也沒有效果。這樣的時候，必定表示孩子的生理周期處於「必須注意日」的日子。

根據孩子的生理周期，教訓的方法上也有要領

妻子與我經歷了全心全力於養育長子及長女時期。

像孩子們胡言亂語，使父母大傷腦筋的時候，他們的生理周期一定處於不佳的狀態，正當必須注意日或準必須注意日。也就是，因為正值這樣的時期，所以無論如何責備孩子，他們也聽不進父母所說的話，也可以說反抗是莫可奈何的事。

像這樣的時候，我會說：

「今天就到此為止。再過幾天之後孩子就會想聽妳的規勸了。」

妻子也能瞭解，後來她查看孩子的生理周期日曆，在懷疑是否正值不佳狀態，今天要不要緊的日子，試著問道：

「爸爸，我在想那個時候為何要責備孩子?」

以孩子是小心肝的想法去思考，而且，即使一點小事也反省是否自己不對，就錯不了。總之，不要在孩子的必須注意日或準必須注意日責備孩子。

如上所述，生理周期也可以大大地活用於育兒上。這不僅是責備孩子的時候而已。若知道孩子的生理周期，也可以預防各種事故或疾病。

舉例來說，若是身體節奏處於必須注意日或不利期的日子，則在公園等地方遊玩時，只要特別注意看管孩子即可。除非從鞦韆上掉下來、腳踏車翻倒了等等，否則孩子是不會有什麼危險的。另外還有，發燒、感冒等情形，經常在這個時期發生。

我在孩子們還小的時候，曾將所有家人的生理周期日曆貼在五斗櫃上，而且，孩子一發燒就首先確認那天孩子的生理周期如何?

然後，一發現是「必須注意日」的日子，除非相當嚴重，否則就不會急著到醫院，或是採取其他措施，也就是暫且觀察孩子的情形。這樣的時候，最後孩子的熱度一天或二天就減退，恢復了原來健康活潑的狀態。

此外，家人一起出去旅行時，也是首先檢查所有人的生理周期，儘可能選擇所有人的生理周期情況良好的時期，擬訂行程表。一旦有人與生理周期重疊，可以的話，就去尋覓下一次的機會……

但是，現在如果妳是一位剛剛生下小寶寶的母親，那麼，妳可能會有想要大聲吶喊的心情：

「每天都昏昏沈沈的，總得想個辦法！」

於是解決辦法出現了。由於小寶寶的夜晚啼哭或磨人纏人的原因，也許是生理周期踫上必須注意日的緣故，因此，應預先檢查小寶寶的必須注意日。而且，那一天妳也和小寶寶一起睡午覺，睡得熟一點。

「那麼今天夜晚沒問題了！」

只要知道小寶寶的生理周期，連妳睡眠不足的情形也會迎刃而解！

掌握孩子的生理周期，不勉強的教養及健康管理

我的妻子在結婚之後的六年之間仍繼續工作，我們是典型的雙薪家庭、她辭掉工作，是生產第二個孩子的二個月之前的事。

結婚的當時，雖然約定兩人都工作的期限是一年，但結果竟持續了六年之久。由於在此期間生了長男，因此使她一分為三，忙碌於家事、工作及育兒之間，從早到到晚，連休息的空間都沒有，可見忙碌的程度。

在反覆過著這樣的日子之中，妻子並未致於精神官能症。她仍恰如其份，運行自如地掌握孩子的健康管理及教養，清楚地知道每位人的生理周期，將它善加活用……我想這是其中原因吧。當時，我正熱衷於超越我的興趣領域範圍的生理周期的研究，而將育兒及家事完全委任給妻子。

妻子不僅是以自己本身的生理周期去維護身心的健康而已，尤其是有關育兒的事項，也充分地掌握孩子的生理周期，一直注意保持著不勉為其難的教養及健康管理。

直到長子五歲左右才又工作。所幸還有岳母的幫忙，這一點雖很幸運，但她似乎相當積極地活用著長子的生理周期。

以下將就生理周期能如何活用於育兒上？一邊回想妻子一向所實踐的種種事情，一邊談論各個節奏。

身體節奏為不利期時，應讓孩子好好地休息

「我家兒子真是一個好孩子，經常都在睡覺呢。」

身體節奏為不利期時，小寶寶都是昏昏沈沈的，經常都睡得又香又甜。雖然身體獲得休息，也儲存了體力，但一診斷他的生理周期，才知小寶寶是因為疲累、沒有元氣，所以一直睡不停。因此，大人不要以一己之見去任意判斷，產生勉為其難的行為，例如，自以為是地說：「小寶寶因為已經睡得很多了，所以想要起來吧？」請讓他們好好地休息。而且，這個時候若母親也一起休息，是最理想不過的。

另一方面，必須注意的是，小寶寶都是很會磨人、夜晚啼哭不停，總是不給人睡覺。所以，白天的外出活動應儘可能地排除，在夜晚之前，應不使小寶寶處於興奮的狀態。容易發燒、感冒也是在此一時期，所以請特別注意汗衫、寢具及房間的溫度。這一點在幼兒的時候，也是一樣要多加注意。

還有，因為有利期是小寶寶身體狀況的良好期，所以帶小寶寶去娘家、去參拜地方保護神、練習爬行或觸摸東西等等那也很好。

感情節奏為不利期時，特別藉由擁抱愛撫孩子！

當妳瞄一眼嬰兒床時，小寶寶會不會笑嘻嘻地，沒有任何人在，卻不知為何高興起來？現在，正是小寶寶的感情節奏處於有利期，且情緒極佳的時期。

但是，儘管說是情緒很好，卻不可以過度地干予逗弄，操之過急。一旦讓孩子一口氣做了許多運動，例如手腳的彎曲伸展等等，情緒很好的小寶寶也會磨人，到了夜晚反而變成心情最惡劣的時候，更何況，一旦身體節奏為不利期，則連發燒也免不了，也許還會有許多狀況。在此再三地叮嚀，不要說：「不要哭，笑一個！」過度逗弄小寶寶，讓小寶寶嬉鬧。

相反地，無論如何左哄右哄小寶寶也不笑給妳看，只是一味地吵鬧不休。當妳一安心於「已經睡覺了吧？」小寶寶就將身體向左右搖擺、扭動不停，安靜不下來。是的，小寶寶情緒不佳的原因，是因為生理周期進入不利期的緣故。

這時候，只要將小寶寶抱出床外，暫且給他們擁抱即可。在母親的懷裡，小寶寶或許會舒適地安靜下來，進入夢鄉吧。順帶一提，雖然有人會說很擔心抱習慣了小寶寶會黏人，但如果考慮到此時小寶寶不愉快的心情，那麼，抱他們一下是相當不錯的做法。

從生產後半年開始，意識到知性節奏，採取對孩子的教養

而且，「必須注意日」是小寶寶心情最差、最低落的日子，這一天正是非常焦慮不安的一天。以為他們已閉上眼睛了，一想悄悄地離開一下，他們就又開始糾纏不休了。總是不安靜下來，這似乎連他本人也很辛苦。無論給他牛乳，或是替他換尿布，如果他不舒暢快活，那麼，似乎還是抱他一下比較好。母親（父親也是一樣）應慢慢地和小寶寶共處，好好陪他一下。

知性節奏為有利期時，是吸收知識的機會

在小寶寶與知性節奏的關係上，首先浮現腦海的是「逐漸可以說話了」。雖說如此，但

剛剛出生的小寶寶似乎與知性節奏沒有太大的關係。

讓小寶寶學會語言，且呈現出其效果，是要經過六個月至十個月左右，即從小寶寶逐漸可以微笑的時候開始。他們在每天的生活之中，一直自然地進入耳朵而記住的辭句，是非常多的。

比方說，早上一醒來就向小寶寶：「小○，早安！」換溼尿布時說：「有味道，臭臭！」餵奶時一定說著「請用！」、「謝謝招待！」、「不客氣！」、「叨擾了！」等辭句，在說話之中讓小寶寶學會。如此一來，便可逐漸地讓小寶寶拿筷子或湯匙，教小寶寶撒尿。一步一步地教導孩子學習各種事物。

然而，一進入不利期，即使用他小小的腦袋拼命地加油，全力以赴去學習，也總是無法學會。

只要一勉為其難，超過能力所及，則焦慮、不安就會累積下來，當天晚上也會難纏起來，令人覺得不好應付，總是不能好好地就寢。再者，或許還會發燒，令人棘手而不知如何是好。在此再三叮嚀，在小寶寶不利期，尤其不能變成一個「教育媽媽」，對小寶寶的教育操之太急，一下子要他們學這個，一下子又學那個，因為那是沒有用處的。

第五章

利用生理周期防範紛爭於未然

生理周期也有助於防止交通事故

必須注意日開車，再三叮嚀應多加注意！

「不行，今天會九死一生，非常危險喔！」

那個時期，我取得汽車的駕駛執照，甚至連外出到附近一下也要開車去，可見有多麼喜歡開車。

那一天，我雖然也享受了開車兜風的樂趣，但覺得握著方向盤的手和平日稍有不同。

通常，我因為是個很用心於如何說話、謹言慎行的，所以就連開車也是如此，不太超速。但是，那一天卻例外地比平日更提高了時速，沒有意識到「速度特別快」或「想超出原有的速度看看」。

況且，即使現在回想起來仍毛骨悚然，打著寒顫，因爲我竟連紅綠燈也視而不見，大意地忽略過去。於是，我一邊奔馳一邊自己注意到：「真是奇怪啊！」怎麼會有如此非比尋常的舉動呢？連我也滿腹疑問。

若能明瞭自己的生理周期，可以更安全地開車

「對了，因為出去時我的感情節奏今天正到了必須注意日，所以好像有人對我說要多加注意！」

但專心於開車，就將此事忘得一乾二淨了。連應該熱衷於生理周期的我，也在剛剛明瞭開車的興趣時，因回想起了妻子叮嚀的話語，才開始切實體會到自己的必須注意日之情景。

事實上，這個故事並未就此結束。

明瞭那一天的感情為必須注意日，按照慣例，我將速度減低至平日的水準之下，連心情也平靜下來（也許是過火的形容，但實際上便是如此情形），然後奔馳了十分鐘左右，接下來就有事情發生了。

我的旁邊有一部車子以全速超車。而且那

身心的狀況及應注意的要點

節奏	必須注意日	注意事項
身體節奏（P） ●23天為一周期 ●預防日…第1、12、13、24天	身體狀況不穩定 ●動作遲鈍 ●容易疲倦	●容易超速失控。 ●注意妥善操縱方向盤、剎車的操作。 ●避免過度勞累、充分地爭取休養。 ●容易引起感冒、頭痛、下痢，除此之外，也容易發生宿疾等病症的惡化或發作。
感情節奏（S） ●28天為一周期 ●預防日…第1、15、29、天	感情不穩定 ●缺乏心情的平靜 ●直覺不夠清晰靈敏 ●氣力不穩定	●由於往往疏忽於安全的確認，因此應充分注意。 ●十字路口、平交道、追趕、超車、交通阻塞時等情況，應特別注意。 ●容易做出焦慮、口角、爭吵、失言、大放厥詞等事情。 ●在家庭或職場的不和、不滿意容易形成發生事故的原因。

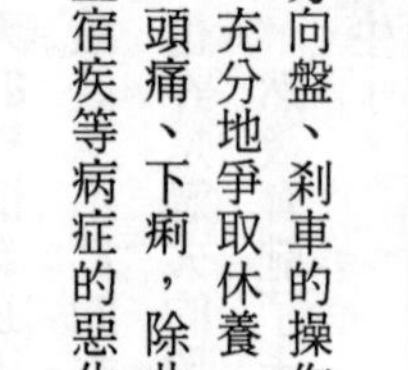

在不同生理周期的「必須注意日」

●想起擔憂的事情，容易悶悶不樂，或是鬱鬱寡歡，而引起事故。

知性節奏（一）

●33天為一周期

●預防日…第1、17、18、34天

智力不穩定

●思考力、注意力、判斷力、集中力遲鈍

●特別注意開車時不專心、東張西望、發呆、追撞。

●注意信號、標識、指示等交通號誌的忽略。

●充分地保持車間距離。

●遵守速度的限制。

●記憶力或直覺遲鈍。

●容易遺忘物品、不機靈、疏忽。

部車子發生了追撞事故，令人大吃一驚。

生理周期並不是一種占卜。然而，我要說的是遭遇這個事實之後的情形，妻子比我更信賴生理周期的理論。

舉例來說，不勝酒力的我一說：「今天有宴會，所以會晚一點回家。」她就會提醒我：「因為你今天的身體節奏是必須注意日，可不要喝太多了。」且妻子本身也會在查看生理周期之後才出門上班，那一天若是必須注意日，則似乎會很努力於遵守各個節奏的注意事項。

開車兜風若能知曉必須注意日，事故便會減少

如上所述，我想各位藉由我的經驗談已瞭解了，若能預先知曉那一天的生理周期，便可防範各種事故於未然，就連疾病也不容易染上。

生理周期特別在基於防止意外事故的目的上，被活用於各方面。

每天，愈認爲一定沒事的人，愈會在與人身有關、危及性命的交通事故的電視或報紙發現其新聞。

若以數字來看，日本東京都內從一九九一年一月至八月十二日的現在為止，人身事故的

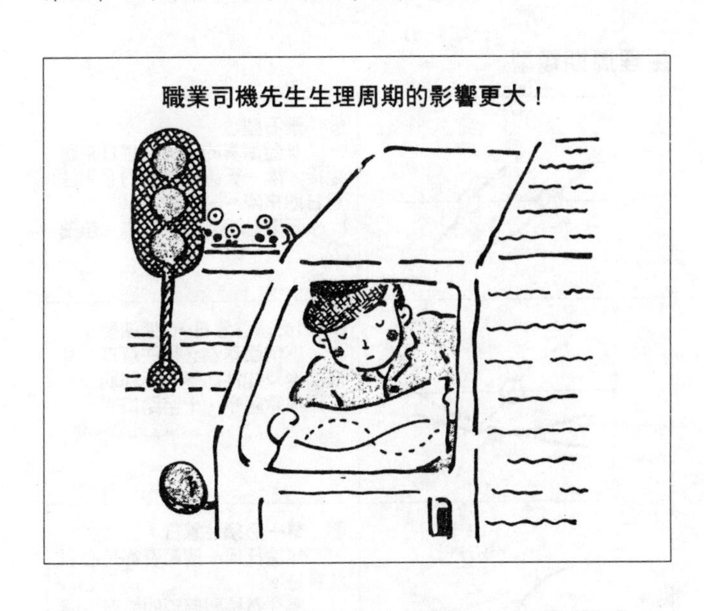

數字為三萬一千一百一十六件。其中，據說死亡人數為二百四十四人，受傷人數為三萬五千五百一十人，非常驚人。

而且，若連全國一起統計，則僅僅半年（一九九一年一月至六月底止）之內，人身事故的件數竟上升為三十萬六千九百八十五人，其中，死者為四千九百八十四人之多，負傷者為三十七萬五千五百八十人。

在此所舉的數字，畢竟是以與人身有關的事故為對象，因此，若要包括人員受輕傷或不危及性命程度的事故在內，則其意味著件數將更為增加。

因此我認為，如果每個人都能認識開車當天自已生理周期的情形，那麼任何事故都可以

生理周期類型

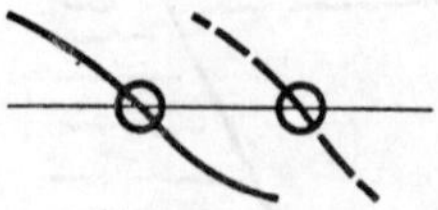	⑥ **飛石型** 身體節奏的必須注意日來臨之後，隔一天感情節奏的必須注意日即來臨。 不要勉強。不要超車、超速。
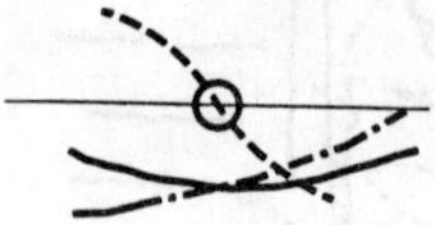	⑦ **1必須注意日・2低調型** 感情節奏為必須注意日，身體節奏及知性節奏為不利期。 注意超車、十字路口。
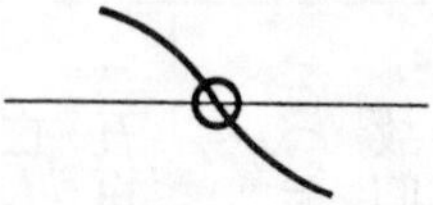	⑧ **單一必須注意日** 無論任何一個節奏都是必須注意日。 應注意按照個別的節奏去開車（參照218～219頁的表）。
	⑨ **三個節奏都是不利期** 注意十字路口、超車、進入車庫。
	⑩ **三個節奏都是有利期** 由於每一個節奏都處於高峰期，因此應注意不要乘勢趁機違反速度的限制等等。

（註）──身體節奏，－－－感情節奏，－·－知性節奏，○記號為必須注意日

有助於防止交通事故應注意的

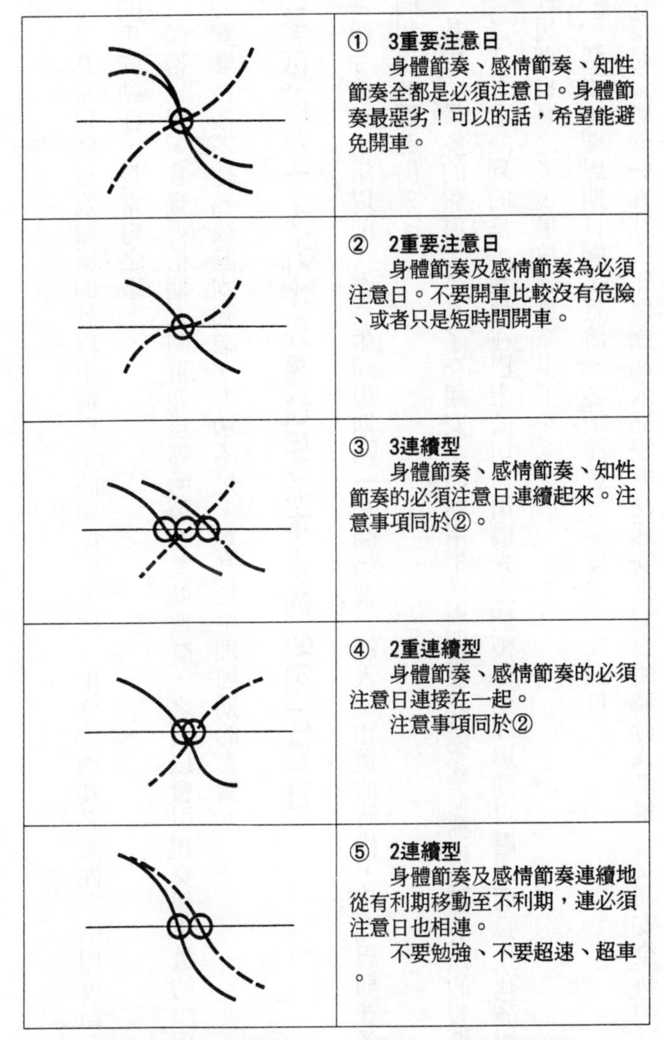

	①　**3重要注意日** 身體節奏、感情節奏、知性節奏全都是必須注意日。身體節奏最惡劣！可以的話，希望能避免開車。
	②　**2重要注意日** 身體節奏及感情節奏為必須注意日。不要開車比較沒有危險、或者只是短時間開車。
	③　**3連續型** 身體節奏、感情節奏、知性節奏的必須注意日連續起來。注意事項同於②。
	④　**2重連續型** 身體節奏、感情節奏的必須注意日連接在一起。 注意事項同於②
	⑤　**2連續型** 身體節奏及感情節奏連續地從有利期移動至不利期，連必須注意日也相連。 不要勉強、不要超速、超車。

（註）──身體節奏，－－－感情節奏，－·－知性節奏，○記號為必須注意日

減少。

尤其是以開車為職業的計程車或巴士的司機先生們，更感受到其必要性。生理周期左右著開車的動作，是常有之事。

順帶一提，我覺得星期天開車兜風等所謂的業餘駕駛，之所以會引起交通事故的原因，有時駕駛技術不純熟或基本知識、方法不足，更甚於生理周期的影響。

事故的八十～九十％是發生於本人的必須注意日

距今約二十年以前，在「生理周期」一詞開始被一般人所知道的時候，生理周期在各方面的利用被報導出來。

其中，最多的報導，是為了交通安全而應用生理周期等有關警察業務或運輸公司的報導。二八頁已談到的是，我曾在巴士公司為司機先生們製作生理周期日曆。而且，在活用了生理周期日曆之後，事故確實減少了。

「活用生理周期日曆，且將『必須注意日』變成『安全日』！」

這是登載於一九八〇年財團法人島根縣交通安全協會所發行《島根　交通安全新聞》的

位於島根縣內的交通死亡事故與生理周期

區　分	發生件數	生理周期的形態		合計數（％）
		以必須注意日為中心所發生的死亡事故	節奏的條件為低潮期時所發生的死亡事故	
1978年	59件（61人）	33件（55％）	20件（33％）	53件（89％）
1979年	57件（64人）	31件（54％）	21件（36％）	52件（91％）
1980年	72件（81人）	47件（65％）	16件（22％）	63件（87％）
1981年	50件（50人）	25件（50％）	8件（16％）	33件（66％）
1982年	57件（59人）	32件（56％）	8件（14％）	40件（70％）
1983年	64件（68人）	41件（64％）	10件（15％）	51件（79％）
1984年	58件（61人）	31件（53％）	13件（22％）	44件（76％）
1985年	69件（72人）	37件（54％）	17件（24％）	54件（78％）
1986年	64件（70人）	31件（48％）	16件（25％）	47件（73％）
1987年	73件（77人）	32件（42％）	34件（44％）	66件（86％）
1988年	58件（58人）	27件（47％）	20件（34％）	47件（81％）
1989年	75件（78人）	34件（45％）	31件（41％）	65件（87％）
1990年	75件（83人）	30件（40％）	41件（54％）	71件（94％）

一部份報導。

報導首先就生理周期本身詳加解說。接著，以島根縣警察本部所發表的交通事故件數為根本，證明了「發生事故的八十～九十％是在本人的必須注意日」。再者，交通安全協會方面為了防止交通事故，也發表了正在製作適合於一般人的生理周期日曆。

交通安全協會的努力，現在仍持續不輟。比方說，一發生死亡事故，就製作引起事故當事者及其受害者的生理周期日曆，並且，調查生理周期日曆在什麼樣的狀態之下容易引起事故？……其結果，據說「必須注意日」經常都脫穎而出，高居榜首。

附帶說明，生理周期日曆的製作費一年份約爲日幣六百元左右。據說一九九〇年曾有四千零四十一件的申請，由此顯示，島根縣的所有民衆似乎對交通安全特別關心。

「申請的人，以剛剛取得駕駛執照的人最多。緊接著是換發執照的人，然後，藉由報紙等媒體而得知的人也不少。」

對開車沒有自信的人，以及當然有信心的人，在讀了此章之後，大概有人會認為：

「我也想要有自已的生理周期日曆。」

但是，該如何做才好呢？

這一點請參考本書一〇五頁所介紹的生理周期日曆製作方法，自已製作看看。還有，希望不久之後接受我的指導的人，請將貼了郵票的回郵信封放入信封之中，寄到本書卷末的「生理周期研究所」的住址，前來詢問。

連人際關係的紛爭也可藉由生理周期予以防止

相配與否並非絕對的，而是周期性地產生變化

那麽，截至目前爲止，從選擇生男生女胎教、育兒以至於防止交通事故，生理周期都發揮了極大的作用，各位大概已有瞭解了吧！

但是，現在為何似乎占卜已蔚為風潮，甚至連占卜專門的連鎖店也出現了。在喜好占卜的人之中，檢查雜誌的占卜專頁，滿足地說：「太好了，看看這一週如何！」但是，進一步地到占卜專門店去確認運勢真正情形如何的人存在嗎？如果此時有不符的結果，那又應如何是好呢？

這一點姑且不說，說到占卜，各位非常淸楚的是，可能是根據占卜術、十二干支而來的

易學上的占卜、算命專用的紙牌等紙牌占卜，以及最近所流行的使用水晶球的占卜、通靈能力等等吧。

尤其是使用諸如此類的各種占卜術，就像說「A先生與B小姐的八字，緣份如何」一樣，要判斷兩人的相配、相適與否的心理，自古以來即具有根深蒂固的傳統，深受人們歡迎。

令人出乎意料的，一直不為人所知的是，生理周期其實也可以判斷八字、緣份。

因此，對截至目前為止一直閱讀本書的各位讀者，就我所指導及演講的根據「生理周期而來的相性判斷」特別來談一談。

所謂的「特別」，是指若明瞭希望知道相性的人的生理周期，則可以利用二八頁的表檢查一下對方與自己的相性是否很好？

還有，根據生理周期而來的相性判斷法有一大特徵，那就是即使出現如何不好的答案，也有「解救」的方法。

舉例來說，「妳和A先生是因為○○座與○○座，所以相性不太好。」當妳一聽到如此說法，就連什麼「解救」也沒有了。由於人的出生年月日及星座是一生不變的，因此只能死心地說：「既然相性如此，也只好認了。」

但是，根據生理周期而來的相性判斷，不僅僅是判斷緣份好壞而已。

如果萬一出現「相性不佳」的結果，那也會有「沒關係，只要這麼做就可以」之類的對策，也就是有「解救」的方法，可以化解不利的結果。

關於說到就什麼樣的相性去觀察，則是指身體節奏、感情節奏及知性節奏等三個節奏。每一個相性分別各自以百分率表示。

這是從各個節奏所描繪的曲線，彼此互相看一看「時機」適不適宜，如果兩人恰好吻合一致，那麼相性率是百分之百，如果描繪著完全相反方向的曲線，則相性率為零。比方說：「妳與A先生身體節奏的相性為七十五％，因為這相當於A排行，所以可以說相性良好。日常生活的行為模式也應具有共通性才是，表示兩人頗合得來。」

再者，答案是從零至一百％止，以數字來表示比較容易瞭解。

計算方法很簡單。首先，求出指數，因為其方法與選擇生男生女時指數的求法相同，所以請參照一一〇頁計算看看（不過，若只是要看看相性如何，則將A表及B表的合計為指數，C表並無必要）。

其次，求出兩人指數的差。舉例來說，男方的出生年月日為一九四二年二月十七日，女方為一九五四年十二月十四日。一計算兩人的指數，男性方面P為0、S為7、I為11，而女性方面P為9、S為0、I為14。

因為要求其差，所以P為0－9＝9，S為7－0＝7，I為11－14＝3。

藉由這些數字，便可瞭解相性如何，但請看下一頁的「相性率表」。

妳瞭解了嗎？從相性率表出現P（身體節奏）為二十二%，S（感情節奏）為五十%，I（知性節奏）為八十二%。這些數字表示判斷兩人的相性的依據。而其排行則是記載於相性率表之下，被分成A～C三階段。

一看這個排行表，便可瞭解兩人的關係多半是柏拉圖式的精神戀愛了。

瞭解身體節奏的相性，避免與先生之間的紛爭

所謂的「身體節奏的相性良好」，舉例來說，A先生身體節奏正處於有利期，想要活動身體的時候，B小姐也處於相同的狀態。

相反的，相性一旦不佳，即使A先生行動力十足，B小姐也處於希望獲得休養的狀態。

尤其是若說到夫婦之間的相性，關係著身體節奏，則也有性生活的相性。比方說，有時

從節奏別立刻可明瞭的相合率及相合率順位

〔相性率表〕

基本數值的差	身體（P）節奏%	感情（S）節奏%	知性（I）節奏%	基本數值的差	身體（P）節奏%	感情（S）節奏%	知性（I）節奏%
0	100	100	100	17	48	21	3
1	91	93	94	18	57	29	9
2	83	86	88	19	65	36	15
3	74	79	82	20	74	43	21
4	65	71	76	21	83	50	27
5	57	64	70	22	91	57	33
6	48	57	64	23	100	64	39
7	39	50	58	24		71	46
8	30	43	52	25		79	52
9	22	36	46	26		86	58
10	13	29	39	27		93	64
11	4	21	33	28		100	70
12	4	14	27	29			76
13	13	7	21	30			82
14	22	0	15	31			88
15	30	7	9	32			94
16	39	14	3	33			100

相性率別順位

75%～100%……A順位

31%～ 74%……B順位

0%～ 30%……C順位

註：數字在身體節奏、感情節奏、知性節奏上任一個都是共通的。

某一天，先生相當有意想溫存一番，但太太卻全然沒有興趣。這種情形，表示兩人身體節奏的相性率較低。

一般而言，夫婦的關係即使經常在白天爭吵，若夜間的性生活和諧美滿，則一切就解決了，這便是人們所認為的「床頭吵床尾和」。

因此，若相性良好，則僅僅如此，連夜晚也和諧美滿，就不成問題了。若此一相性不佳，則有些傷腦筋。一方熱情洋溢，但另一方卻不容易附和，冷若冰霜，因為有如此的情形，所以兩人不時產生磨擦，感情也隨之冷卻。

如果什麼都不知道，對相性的概念一無所知，而向對方說：「妳今晚對我真是冷淡啊！白天有什麼事嗎？……」或是：「因為上個禮拜不能答應給你，所以心想就在今晚……但未料你竟然背對著而睡，不理睬我，真是不解風情、大煞風景……」那麼無論如何你們兩人是無法和諧圓滿了。

然而，如果瞭解相性率，那就表示儘管一邊想著：「是嗎？她的生理周期今天是不利期呢！那麼，即使過於強迫索求，她也會介意於此，失去興緻，所以還是忍耐一點，適可而止。」或是：「哇噻！今晚的她真是精神飽滿，雖然我有點累了，但是因為是我千載難逢的機

相性率若不佳，則以體貼彌補

會，所以努力看看吧！」等等，一邊仍可以和諧美滿。

如上所述，如果瞭解身體節奏的相性率，那就可以一邊體貼對方，一邊享受性生活，因此，這一點可以說大大關係著「夫婦的圓滿與否」。

但是，相性率為A排行的時候，相性雖是再吻合相適，然而這代表了完全沒有問題嗎？其實不然。所謂的相性良好，是指節奏的起伏變化相同而言，因此，當D先生處於不利期時，F小姐也正處於不利期，兩人自然會有磨擦、衝突。

有鑑於此，此一時期應儘量不做勉為其難的事情（因為兩人全都是處於身體狀況非常不艮的時期，所以理應不勉強行事）。

另外，屬於B排行是「無可也無不可」的類型。慢慢地平靜下來，是這一類夫婦予人的感覺。而C排行，則表示這一類夫婦的相性率較低，也就是行房的時機不吻合，無法互相配合。

千載難逢的星期天，太太想請先生陪伴去購物，不料先生竟然老是不起床，不能出門——

這時候，一查看生理周期日曆，就應知道先生的身體節奏一定正進入不利期。

如此一來，便可死心地說：「是嘛！沒辦法囉。下一次再說吧！」換句話說，兩人屬於C排行的時候，若能彼此互相認識到這一點，雙方共同努力，則縱使相性不佳，也可充分地彌補過去，克服低潮。這便是「解決之策」，妳安心了嗎？

但是，若與婆婆的相性率爲A排行，則可以態度輕鬆地邀請她：「一起去買晚餐的食物吧！」也就能成為「關係良好的婆媳」。不過，C排行以下的婆媳，無論媳婦如何邀請，婆婆也不會附和相隨。即使她姑且和妳一起外出，但還沒有購物，她即說出「快回家吧！」。

因此，若能選擇邀請的時機（即使自己的生理周期有一些不適宜，只要婆婆的身體節奏理想的相性率排行類型。那麼妳是那一類型？

	身體節奏	感情節奏	知性節奏
戀　　人	B以上	A	B以上
夫　　婦	A	B	A
友　　人	B以上	A	A
職場的同事	A	B	A
運動夥伴	A	A	—
共同經營者	B以上	A	B
共同研究者	B以上	B以上	A
藝術夥伴	B以上	B以上	A
秘　　書	—	B	A

註・—由於未特別拘泥於相性，因此A～C的順位指定省略。

為艮好的時期即可），也許甚至可以邀請婆婆去看戲劇或電影。

另外，提到有關與鄰居的交往關係，要調查其他每一個的生理周期也許很困難，但如果身體節奏的相性率艮好的人聚集在一起，媽媽們相約跳芭蕾舞、打高爾夫，可能也不錯。

檢查感情節奏，使人際關係和諧圓融

一般而言，感情節奏是在愛情等感情方面產生作用，所以別名又叫「戀愛節奏」。

只藉著一杯咖啡就可以度過數小時的兩人，感情節奏可以說是「天衣無縫」。因此，感情節奏的相性率對夫婦或愛人而言，或許是十分介意的一件事。

此一相性為C排行的時候，兩人的感情就不協調，所以應特別注意。若是A排行，即使放手不管，任其發展，兩人仍可順利圓滿，但C排行的時候，以體貼的心情去觀察對方的狀態，就很重要了。

一旦感覺到不知為何而焦慮不安，那麼請查看生理周期，妳與先生的感情節奏一定是進入必須注意日或不利期。在此一時期，也許最好儘量地避免孩子的教育問題，或是對於婆婆的牢騷怨言。

閱讀本書的人，應可瞭解果然是不錯的。

「喂！我想要一雙鞋子，妳說買好嗎？」

「你說什麼呀，不是不久前才剛買了嗎？」

「是啊，妳說不久前，那是去年的事，因為妳完全不曉得。」

「不管怎麼樣，不行啦。這個月買這買那，不可以再買了……。」

「那是工作上的交際應酬吧。家庭就另當別論了。不該買，不可以多買。」

「我是為了什麼而工作，還不是為了妳和孩子！」

那麼，一旦因為談話決裂而感覺到即將發生衝突，就請速查看生理周期。

在一點點感情的磨擦或爭吵的原因上，如果對方的生理周期為低潮期，就可以避免不協調的情形，不致於更加嚴重。

因此，這個時期最好避免孩子的教育問題、強求孩子的表現等困難的事情。

無論如何，要談論特別重大事情的時候，應預先調查彼此的生理周期。

根據生理周期，可以考慮「今天最好避免」或「因為明天對方是有利期，所以即使說了也很好的樣子」等等，凡事也可在不徒勞無益、不白費心機的程度，就適可而止地「刹車」。總而言之，若預先知曉生理周期，則容易去掌握採取行動時的事宜。

另外，在與婆婆的關係方面，如果位於C排行，而且生理周期為低潮期時，得注意不可過於強烈地主張自己的意志，那麼，婆媳彼此也許便可進入平和的關係了。

不過，現在要改一下話題。根據夫婦兩人感情節奏的相性率，甚至也可以預測兩人是戀愛結婚或相親結婚？

這是使用感情節奏去判斷，根據我的判斷，其相性率為A排行時，也許是「戀愛結婚」相反地，如果是C排行，那麼「相親結婚」的可能性就很大了。

其機率，在我的經驗上，一向相當準確。

但是，即使在一場轟轟烈烈的戀愛之後結婚，連平日也感情融洽，相性率為百分之百的夫婦，有時也會有激烈爭吵的情形發生。

為什麼呢？這是因為兩人一同面臨生理周期為必須注意日的時期。所謂的相性率良好，表示良好的時期相同，而不佳時期也同時來臨之意。

這樣的日子非常辛苦。因為兩人全都進入感情及精神上的不安定時期，所以，發生爭執口角也並不足奇。

諸如此類的原因，我認為，夫婦的感情節奏相性率在B排行的程度不就正好嗎——

若能以知性節奏的相性掌握時機，則連爭吵都會減少

知性節奏的相性，是要判斷知性的行動面處於什麼樣的程度。也就是說，如果知性節奏的相性率良好，那就代表很容易踫上興趣或思考的時機，所以，當妳說：「今天我想去〇〇〇。」

對方也意氣投合地說：

「哦！太好了。已經好幾年沒去了，真高興！」

這表示兩人的相性頗為協調、吻合，但若相性為C排行，對方回答：

「啊！不行哪，即使突然地被命令……，我今天想去看電影，但卻……。儘管如此，入場券要如何買到手呢？」

諸如此類，將話題往奇妙的方向推，說得令人不知所以然（先生悄悄地買到入場券，想要使太太驚喜一番，但卻……）。

由於或許會演變成像這樣的情形，因此關於知性節奏，最好不要太意識到它的存在。

也就是說，連不加干涉也有其必要。即使費心勞神於「千載難逢的機會」或「覺得妳也想如此做」等問題，若對方沒有此一心思，則無論想如何去做都是白費心機、徒勞無益。

總而言之，不要過於深入，靜悄悄地保持沈默最為重要。

無論如何想要邀請對方，知性節奏的相性不佳的時候，在其低潮期結束之前，也許最好的辦法是稍加忍耐。

雖是題外話，但在此一提，身體節奏的相性位於C排行的夫婦，似乎多半是柏拉圖式的要素較強的情形，也就是兩人比較注重精神層面上的問題。

如上所述，一旦知曉了各節奏的相性率，那麼就能認識彼此時機不協調之處，重視體貼溫柔，更進一步地加深愛情！

終　章

選擇生男生女的任何問與答

Q1 生理周期日曆的「選擇生男生女可能日」與我的排卵日並無吻合一致的日子。選擇生男生女是不可能的吧？由於是高齡產婦，且不太有時間，該怎麽辦？

A1 方法有二個。其一是試著製作往後半年份的生理周期日曆。接著也許會有下一個吻合一致的日子。另一個方法是，時間沒有餘裕至如此這般程度，雖然也許不能說是選擇生男生女的理想日，但因為有時不決定生男孩或女孩的任何孩子的日子（身體節奏及感情節奏雙方都是有利的時期，或者都是不利的時期），排卵日來臨了，所以，就在此一時期「實行」。

而且，這個時候請仔細地實行〈步驟②〉的飲食管理，以及〈步驟③〉的行房方法。

順帶一提，雖也有服用生理日的藥物，可以將生理日挪前或移後，但我並不太建議此一方法。

Q2 月經周期不規則且四十天才來一次，或是有時二十天就來一次，連這樣的我也可以做選擇生男生女法嗎？

A2　雖然月經周期很穩定，在選擇生男生女上比較容易成功，但是即使有一些不協調也不必如此這般地悲觀。請努力於可以完全掌握月經開始之後再幾天是排卵日來臨的日子！

根據「三步驟方式」去實行的選擇生男生女，若能在生理周期所顯示的「選擇生男生女可能日」的時候實行，則僅僅如此選擇孩子性別的可能性就很高，所以，請放心地試著放手一搏，挑戰自己的毅力看看。還有，這樣的人最重要的是，儘可能地長期養成測量基礎體溫的習慣，使排卵日的預測更容易作出正確的預測。

Q3　雖然一旦有在精神上遭受打擊的情形，生理日就會發生錯亂，但是這個時候生理周期也改變了吧？

A3　生理周期的周期，正如九四頁一樣，在過度嚴重或特別的狀況下，雖然有時會暫時受到影響，但如果恢復至通常的狀況，那麼，就連生理周期也會恢復原狀。因此，一旦精神進入沈穩的時期，那就請再度進行養成測量基礎體溫等事項，開始為了選擇生男生女而作準備。

Q4 無論我或先生，對食物的好惡都非常激烈，可以做選擇生男生女法嗎？另外，酒及菸的量也很多，可以——？

A4 所謂的對食物的好惡非常激烈，是與（步驟②）的飲食管理有關。不過，縱令好惡非常激烈，仍可進行選擇生男生女。換言之，請從選擇生男生女實行日的十天之前努力以赴，按照指導去攝取飲食，這是我所盼望的。

另外，先生在外進食的情形較多的時候，儘管只有太太單方面的力量，也請努力十天，一方面的力量也是不容忽視的。

說起來，飲食管理只要在自己能力所及的範圍之內去付諸實施即可。請回想一下第二章一二四頁、第三章一五九頁、一六六頁都出現過的一句話，飲食管理「與其不做，寧可去做。」

舉例來說？並不是對不討厭肉類的人說：「請十天之間多吃一些肉」，而是說儘管隔一天左右也可以。再者，即使是關於酸性食品或鹼性食品，也並非對人說：「請只吃這個即可。」而是儘量地提醒對方：「希望你攝取適合自己的飲食。」

也就是說，提到一二八～一二九頁的食品群，若是以用粗黑字標明的食品為中心攝取食品，則並無特別的問題。比方說，即使討厭肉類，只要查看食品群便可一目瞭然：因為酸性食品除此之外仍有很多種類，所以只需補充這些食品。這一點在討厭蔬菜（鹼性）的時候也一樣。可以有許多其他的選擇來代替，因為在鹼性食品之中還有裙菜帶及昆布可以補充不足。

另外，關於酒或菸，並非說：「請戒了吧！」而是要提醒對方：「請比平時減少酒量或菸量。」一旦命令說：「戒掉它！」那麼對對方的傷害也很大。

焦慮不安、夫婦爭吵……，這些方面本來就會對選擇生男生女產生不良的影響，而菸酒正是引起種種紛爭的原因，所以應多加節制。

不過，小寶寶在腹中孕育的消息一知道時，直到其出生為止，務必戒除菸酒！

Q5

目前與先生的母親同住。由於未提及實行選擇生男生女的事情，因此，吃飯時都會很介意她不知是否認為「菜色比平日增加了，真奇怪」，好擔心她疑心。有沒有什麼好的方法？

A5 對婆婆或岳母都未說明，只有夫婦兩人心知肚明，暗中實行的情形很多。然而，吃飯的時間相同的家庭似乎也很多，一同進餐是在所難免的。這個時候，比方說做了幾道菜，然後更進一步地說：「今天第一次試作這樣的菜，你吃吃看！」若無其事地將為了實行選擇生男生女而做的菜擺上餐桌。

即使特別意識到酸性及鹼性食品的問題，也不可只偏向於調理某一方的菜色，應兩方都擺出來。或者，錯開與母親（婆婆及岳母）一起進餐的時間。無論如何，我認為這種程度的擔心是不必要的……。

Q6 我已試著自己去製作生理周期日曆。雖然希望記入「選擇生男生女可能日」，但並不確知應記入從哪一天至哪一天止才好。

A6 請看一一五～一一七頁的各圖表。曲線為在與基線交叉的位置上畫了○記號的波浪線條，圖上描繪了身體節奏（——線）及感情節奏（----線）兩種曲線。正如各位所知道的，當感情節奏位於正（有利）區域，身體節奏位於負（不利）的區域時，即成為選擇生女孩可能日。

妳的問題的意義，正如上述，在於兩個節奏分別自各處於兩極的期間（也就是說，是選擇生男生女可能日）應從何日開始至何日為止加以記錄？

關於這一點，答案是：在兩個節奏都處於兩極的期間，「從第一個來臨的有○記號的日子（必須注意日）的次日開始至下一個有○的記號的日子的前一天為止」，即是「選擇生男生女可能日」。因為避開了必須注意日，所以請不要弄錯了。舉例來說，在同頁的圖表上，▲記號是選擇生男孩的可能日，而●記號則是選擇生女孩的可能日。

Q7 先生的工作也許會有海外勤務，根據生理周期而來的選擇生男生女法，可以在全世界通行無阻嗎？

A7 是的。選擇生男生女法是蕭特爾茲博士的研究，且有科學上的根據，目前在美國、德國、奧地利、法國等國都被人們實施著。

Q8 「三步驟方式」的成功率，儘管不能說是達到百分之百，但似乎能保持在八十%，而妨礙成功的原因，是以什麼樣的情形居多？

A8 選擇生男生女失敗的原因，被列舉出來的第一位，是在「選擇生男生女可能日」與排卵日預測日吻合一致的日子老早之前，就迫不及待地要放棄計劃說：「已經可以進行了！」結果不能心想事成、如願以償的情形。

其次是「因為排卵日都不一致，無法掌握時機」而致失敗的情形。例如，受孕的是個女胎兒，雖準備好在排卵日的一天之前多在房事上下工夫，但其實是在排卵日行房（就像各位已知的一樣，排卵日當天的成功率降低了），諸如此類的例子不勝枚舉。

養成測量基礎體溫，可以說是養成預測排卵日的習慣。女性的身體是微妙纖細的，有時會因某種理由而致生理紊亂。縱使十分麻煩費事，但仍應事先確實掌握排卵日來臨的日期。

第三個原因是「不太能獲得先生的協力合作」的情形。僅太太一人的努力，就連先生的「禁慾」也是未定之數，更遑論掌握選擇生男生女之事，從這個意義來說，也表示選擇生男生女時，若是先生與太太的關係不和睦，則會不順利，無法達到理想。

Q9　雖說是好不容易逮到機會日，但我卻因帶孩子（前一個孩子已經一歲了）而疲勞不堪，丈夫也感冒了，兩人都是身體狀況最惡劣的時期，儘管如此，仍實行了選擇生男生女法，沒有關係吧？

A9　針對此一問題，我的答案首先要說的是「沒有問題！」

不過，想要實行選擇生男生女法，但卻疲累於帶孩子，或是感冒，種種原因都是很令人傷腦筋的問題，無法付諸實行。為了不致於如此，寧可在選擇生男生女實行日將至的十天之前，夫婦兩人互助合作，共同努力，與飲食管理一起調整身體狀況，請努力於能以身心全都呈健康狀態去迎接實行日。

最要緊的是，擁有決定男女性別的精子的先生，一旦感冒、破壞了身體狀況，則應儘量不吃藥，爭取充分的睡眠及營養。因為，即使藥物並不直接影響精子，但藥物或注射對身體有害，所以最好能避免。

Q10 在「選擇生男生女實行預定日」當天，娘家的兩位老人家說要來家裡玩，有沒有什麼好方法？

A10 如果說：「那一天不方便，所以請不要來！」那是最好的理由。若是不說出一個理由就不易拒絕時，也可以明白地說：「那一天要去看電影，……」類似的理由都可以。再者，如果是拜託老奶奶看家，請外婆看一下孩子，用長一點的時間到旅館等處享受兩人時光將會如何，不妨試試看。在我所指導的人士之中，也有新婚的氣氛因此而恢復，在選擇生男生女上大獲成功的例子。

Q11 我雖然仍是單身，但有一個理想，將來結婚的話，希望擁有男孩及女孩各一個。選擇生男生女的成功率，男女各是什麼程度呢？

A11　在選擇生男生女上獲得成功的比率，男女幾乎沒有差別。根據以往我所指導的根本——「三步驟方式」去實行選擇生男生女且獲得成功的比率，男孩為八十一％，女孩為七十九％。本書之中我所說的「選擇生男生女的成功率為八十％，即是將這兩個比率加以平均所得的結果。

Q12　我住在北海道。藉由雜誌知道老師的種種，雖然想要實踐選擇生男生女，但若內診等方面是否要前往老師那裡拜訪？還有，費用等情形請詳細告訴我。

A12　並沒有前來診所的必要。由於在作直接的指導時，會從我這裏寄出「選擇生男生女指導申請書」，因此請在塡入必要項目之後寄回。參考這份指導，製作記入了妳的「選擇生男生女可能日」記號的生理周期日曆，寄給我即可。除此之外，也會寄給妳於（步驟②）、（步驟③）的飲食的管理及行房的方法等說明書。費用方面指導連同資料費一共是日幣一萬五千元左右（含消費稅）但之前請來函索取申請書（參照卷末）。

Q13 我出生於有三個姐妹的家庭，連我的母親也是四個姐妹之中的么妹。目前我有二個女兒。從小生在陰盛陽衰的女兒國的我，打算利用選擇生男生女生個男孩，這是否可能呢？

A13 儘管妳出生於女兒國，但請不要如此地悲觀。獲賜男孩的可能性還是很高。因為孩子的性別與其說是由女性來決定，還不如說男性方面才是擁有決定因素的人。決定男女性別的是精子。而且，在男性之中有人擁有男性因子的精子數目很多，也有人很少。雖然沒有人原本就完全缺乏這種精子，但數目很少的人的確是存在的。

一般而言，精液之中擁有男性因子的精子數目，是擁有女性因子的精子數目的二倍左右。然而，有人這個數目是大約相同的。所謂的數目相同，因為是與普通大多數人相較只有一半，所以也許可以說很少。一旦碰巧先生是擁有男性因子的精子數目較少，便表示選擇生男孩的可能性變少了。然而，這並不意味著全無機會。

因此，若能確實地遵守「三步驟方式」，付諸實踐，則選擇生男孩的可能性便很高了。也就是說，若能善加遵守太太的生理周期及行房時機等規則，加以實行，成功率便提高了。

因此，完全沒有這個問題裡「我生在女兒國」，女性方面的擔心（卵子並無決定男女性別的因子）。請不要擔心，努力一試吧！

（註：參照四一、一二五頁性染色體一項）

Q14 雖然結婚才過了一年，但與先生提及以「選擇生男生女法」生第一個孩子。即使是第一個孩子也可以選擇性別嗎？

A14 當然，無論是第一個孩子，或是第九個孩子，都可以選擇性別。近來，雖說孩子有二～三個左右最為理想的夫婦增加了（我也是如此），但如果從一開始不管怎麼都想要擁有男孩（或是女孩），那麼，只要一開始就為了生男孩（或生女孩）而利用「三步驟方式」去努力以赴即可。因為，我認為最差的話在二次之中也有一次成功，可能性仍很高。

另外，就連結婚過五～六年之後，才要生第一個孩子的情形也不需擔心，無論一年或六年，條件都是一樣的。縱令一向都有避孕，也沒有需要特別注意。請確實地掌握排卵日，也取得先生的瞭解，夫婦兩人共同挑戰看看。

Q15 我從朋友那兒聽說，中垣老師的「根據生理周期的選擇生男生女法」若不吃藥，上醫院也可以，是真的嗎？

A15 是真的。我利用信件或電話進行指導。因此，無論吃藥或上醫院都不必。若有人說要在家做看看，則可利用函授教學的方法實施，其不同之處，因為沒有任何人會給自己仔細的檢查（提醒），不知是否有按照我的指導去實踐，不知是否有確實地做，所以，期待妳擁有以真心誠意去實踐的堅定決定及意志。

本人的「決心」——這是最重要的。

Q16 可以說希望〇月〇日生男孩（或是女孩）嗎？請問中垣老師的情形，兩個孩子的生日是相同的嗎？

A16 這有一點勉強吧，不太可能。一般而言，「選擇生男生女實行日」一年只有數次，因為此一時期是否能順利地受孕，是一件重要的大事，所以在此之前請不要衝動，受慾望的驅使而壞了生育大計。不過，時期若是春天為宜或夏天為宜，則或許可以試著製作三個月份的生理周期日曆，以此一時期為中心月份，連前後兩個月。兩個孩子都在同一天出生的可能性很少。

然後，以我的情形來說，並未計劃使兩個孩子的生日在同一天。這是蹤巧在同一天出生，完全是偶然。與其說這一點很重要，還不如說生男孩或女孩，什麽性別才是比較重要，因此，請朝著本來的目的，全力以赴。

Q17 已有三個男孩、二個女孩，雖正有意想要再生一個女孩，但選擇生男生女可以實現願望嗎？

A17 可以。毋寧說諸如此類的人選擇生男生女的成功率很高。因為並不是意味著妳只生男孩，生了三個，而是無論男孩或女孩兩種性別的孩子都生產過，以後自然也能再生一個女孩。還有，無論從我指導二千人以上的經驗來看，或是從根據生理周期來選擇生男生女來看，大概都可以說很容易實行的。

Q18 我想要購買中垣老師在指導「選擇生男生女」時所使用的生理周期貼紙，市面上有銷售嗎？

A18 市面上沒有銷售。還有，關於包括生理周期貼紙在內的選擇生男生女指導的所有問題，將貼了回郵的信封放入同一信封中，寄到本書卷末的「生理周期研究所」的住址前來詢問。

Q19 有人說丈夫及自己的生理周期都很想知道，計算方法是和我的情形相同嗎？

A19 每一個人都完全相同。不過，請確定出生年月日是否正確。因為一旦戶籍上的出生年月日與實際的出生年月日不同，生理周期就不是正確的東西了。

Q20
我想要接受自中垣老師的直接指導。另外，妹妹及友人也希望老師教給她們「選擇生男生女法」的種種。應該如何做才好？

A20
首先，請推薦此書。然後，希望直接諮商的人請向左記的「生理周期研究所」住址詢問。另外，雖自己試著計算、製作生理周期日曆，但擔心不知是否正確的人，也是一樣地，請輕輕鬆鬆地詢問。

還有，請詢問時將貼了郵票的回郵信封放入同一信封之中。

■關於本書內容的詢問處

〒243－04　日本国神奈川縣海老名市国分南2－31－8
生理周期研究所　中垣　勝裕

大展出版社有限公司	圖書目錄
地址：台北市北投區11204 致遠一路二段12巷1號 郵撥： 0166955～1	電話：(02) 8236031 8236033 傳眞：(02) 8272069

・法律專欄連載・電腦編號 58

台大法學院 法律學系／策劃
法律服務社／編著

①別讓您的權利睡著了[1]	200元
②別讓您的權利睡著了[2]	200元

・秘傳占卜系列・電腦編號 14

①手相術	淺野八郎著	150元
②人相術	淺野八郎著	150元
③西洋占星術	淺野八郎著	150元
④中國神奇占卜	淺野八郎著	150元
⑤夢判斷	淺野八郎著	150元
⑥前世、來世占卜	淺野八郎著	150元
⑦法國式血型學	淺野八郎著	150元
⑧靈感、符咒學	淺野八郎著	150元
⑨紙牌占卜學	淺野八郎著	150元
⑩ＥＳＰ超能力占卜	淺野八郎著	150元
⑪猶太數的秘術	淺野八郎著	150元
⑫新心理測驗	淺野八郎著	160元

・趣味心理講座・電腦編號 15

①性格測驗1	探索男與女	淺野八郎著	140元
②性格測驗2	透視人心奧秘	淺野八郎著	140元
③性格測驗3	發現陌生的自己	淺野八郎著	140元
④性格測驗4	發現你的真面目	淺野八郎著	140元
⑤性格測驗5	讓你們吃驚	淺野八郎著	140元
⑥性格測驗6	洞穿心理盲點	淺野八郎著	140元
⑦性格測驗7	探索對方心理	淺野八郎著	140元
⑧性格測驗8	由吃認識自己	淺野八郎著	140元
⑨性格測驗9	戀愛知多少	淺野八郎著	160元

⑩性格測驗10　由裝扮瞭解人心	淺野八郎著	140元
⑪性格測驗11　敲開內心玄機	淺野八郎著	140元
⑫性格測驗12　透視你的未來	淺野八郎著	140元
⑬血型與你的一生	淺野八郎著	160元
⑭趣味推理遊戲	淺野八郎著	160元
⑮行爲語言解析	淺野八郎著	160元

・婦 幼 天 地・電腦編號 16

①八萬人減肥成果	黃靜香譯	180元
②三分鐘減肥體操	楊鴻儒譯	150元
③窈窕淑女美髮秘訣	柯素娥譯	130元
④使妳更迷人	成　玉譯	130元
⑤女性的更年期	官舒妍編譯	160元
⑥胎內育兒法	李玉瓊編譯	150元
⑦早產兒袋鼠式護理	唐岱蘭譯	200元
⑧初次懷孕與生產	婦幼天地編譯組	180元
⑨初次育兒12個月	婦幼天地編譯組	180元
⑩斷乳食與幼兒食	婦幼天地編譯組	180元
⑪培養幼兒能力與性向	婦幼天地編譯組	180元
⑫培養幼兒創造力的玩具與遊戲	婦幼天地編譯組	180元
⑬幼兒的症狀與疾病	婦幼天地編譯組	180元
⑭腿部苗條健美法	婦幼天地編譯組	180元
⑮女性腰痛別忽視	婦幼天地編譯組	150元
⑯舒展身心體操術	李玉瓊編譯	130元
⑰三分鐘臉部體操	趙薇妮著	160元
⑱生動的笑容表情術	趙薇妮著	160元
⑲心曠神怡減肥法	川津祐介著	130元
⑳內衣使妳更美麗	陳玄茹譯	130元
㉑瑜伽美姿美容	黃靜香編著	150元
㉒高雅女性裝扮學	陳珮玲譯	180元
㉓蠶糞肌膚美顏法	坂梨秀子著	160元
㉔認識妳的身體	李玉瓊譯	160元
㉕產後恢復苗條體態	居理安・芙萊喬著	200元
㉖正確護髮美容法	山崎伊久江著	180元
㉗安琪拉美姿養生學	安琪拉蘭斯博瑞著	180元
㉘女體性醫學剖析	增田豐著	220元
㉙懷孕與生產剖析	岡部綾子著	180元
㉚斷奶後的健康育兒	東城百合子著	220元
㉛引出孩子幹勁的責罵藝術	多湖輝著	170元
㉜培養孩子獨立的藝術	多湖輝著	170元

㉝子宮肌瘤與卵巢囊腫	陳秀琳編著	180元
㉞下半身減肥法	納他夏・史達賓著	180元
㉟女性自然美容法	吳雅菁編著	180元
㊱再也不發胖	池園悅太郎著	170元
㊲生男生女控制術	中垣勝裕著	220元
㊳使妳的肌膚更亮麗	楊　皓編著	170元

・青 春 天 地・電腦編號 17

①A血型與星座	柯素娥編譯	120元
②B血型與星座	柯素娥編譯	120元
③O血型與星座	柯素娥編譯	120元
④AB血型與星座	柯素娥編譯	120元
⑤青春期性教室	呂貴嵐編譯	130元
⑥事半功倍讀書法	王毅希編譯	150元
⑦難解數學破題	宋釗宜編譯	130元
⑧速算解題技巧	宋釗宜編譯	130元
⑨小論文寫作秘訣	林顯茂編譯	120元
⑪中學生野外遊戲	熊谷康編著	120元
⑫恐怖極短篇	柯素娥編譯	130元
⑬恐怖夜話	小毛驢編譯	130元
⑭恐怖幽默短篇	小毛驢編譯	120元
⑮黑色幽默短篇	小毛驢編譯	120元
⑯靈異怪談	小毛驢編譯	130元
⑰錯覺遊戲	小毛驢編譯	130元
⑱整人遊戲	小毛驢編著	150元
⑲有趣的超常識	柯素娥編譯	130元
⑳哦！原來如此	林慶旺編譯	130元
㉑趣味競賽100種	劉名揚編譯	120元
㉒數學謎題入門	宋釗宜編譯	150元
㉓數學謎題解析	宋釗宜編譯	150元
㉔透視男女心理	林慶旺編譯	120元
㉕少女情懷的自白	李桂蘭編譯	120元
㉖由兄弟姊妹看命運	李玉瓊編譯	130元
㉗趣味的科學魔術	林慶旺編譯	150元
㉘趣味的心理實驗室	李燕玲編譯	150元
㉙愛與性心理測驗	小毛驢編譯	130元
㉚刑案推理解謎	小毛驢編譯	130元
㉛偵探常識推理	小毛驢編譯	130元
㉜偵探常識解謎	小毛驢編譯	130元
㉝偵探推理遊戲	小毛驢編譯	130元

㉞趣味的超魔術	廖玉山編著	150元
㉟趣味的珍奇發明	柯素娥編著	150元
㊱登山用具與技巧	陳瑞菊編著	150元

・健 康 天 地・電腦編號 18

①壓力的預防與治療	柯素娥編譯	130元
②超科學氣的魔力	柯素娥編譯	130元
③尿療法治病的神奇	中尾良一著	130元
④鐵證如山的尿療法奇蹟	廖玉山譯	120元
⑤一日斷食健康法	葉慈容編譯	150元
⑥胃部強健法	陳炳崑譯	120元
⑦癌症早期檢查法	廖松濤譯	160元
⑧老人痴呆症防止法	柯素娥編譯	130元
⑨松葉汁健康飲料	陳麗芬編譯	130元
⑩揉肚臍健康法	永井秋夫著	150元
⑪過勞死、猝死的預防	卓秀貞編譯	130元
⑫高血壓治療與飲食	藤山順豐著	150元
⑬老人看護指南	柯素娥編譯	150元
⑭美容外科淺談	楊啟宏著	150元
⑮美容外科新境界	楊啟宏著	150元
⑯鹽是天然的醫生	西英司郎著	140元
⑰年輕十歲不是夢	梁瑞麟譯	200元
⑱茶料理治百病	桑野和民著	180元
⑲綠茶治病寶典	桑野和民著	150元
⑳杜仲茶養顏減肥法	西田博著	150元
㉑蜂膠驚人療效	瀨長良三郎著	150元
㉒蜂膠治百病	瀨長良三郎著	180元
㉓醫藥與生活	鄭炳全著	180元
㉔鈣長生寶典	落合敏著	180元
㉕大蒜長生寶典	木下繁太郎著	160元
㉖居家自我健康檢查	石川恭三著	160元
㉗永恒的健康人生	李秀鈴譯	200元
㉘大豆卵磷脂長生寶典	劉雪卿譯	150元
㉙芳香療法	梁艾琳譯	160元
㉚醋長生寶典	柯素娥譯	180元
㉛從星座透視健康	席拉・吉蒂斯著	180元
㉜愉悅自在保健學	野本二士夫著	160元
㉝裸睡健康法	丸山淳士等著	160元
㉞糖尿病預防與治療	藤田順豐著	180元
㉟維他命長生寶典	菅原明子著	180元

㊱維他命C新效果	鐘文訓編	150元
㊲手、腳病理按摩	堤芳朗著	160元
㊳AIDS瞭解與預防	彼得塔歇爾著	180元
㊴甲殼質殼聚糖健康法	沈永嘉譯	160元
㊵神經痛預防與治療	木下眞男著	160元
㊶室內身體鍛鍊法	陳炳崑編著	160元
㊷吃出健康藥膳	劉大器編著	180元
㊸自我指壓術	蘇燕謀編著	160元
㊹紅蘿蔔汁斷食療法	李玉瓊編著	150元
㊺洗心術健康秘法	竺翠萍編譯	170元
㊻枇杷葉健康療法	柯素娥編譯	180元
㊼抗衰血癒	楊啟宏著	180元
㊽與癌搏鬥記	逸見政孝著	180元
㊾冬蟲夏草長生寶典	高橋義博著	170元
㊿痔瘡・大腸疾病先端療法	宮島伸宜著	180元
51膠布治癒頑固慢性病	加瀨建造著	180元
52芝麻神奇健康法	小林貞作著	170元
53香煙能防止癡呆？	高田明和著	180元
54穀菜食治癌療法	佐藤成志著	180元
55貼藥健康法	松原英多著	180元
56克服癌症調和道呼吸法	帶津良一著	180元
57Ｂ型肝炎預防與治療	野村喜重郎著	180元
58青春永駐養生導引術	早島正雄著	180元
59改變呼吸法創造健康	原久子著	180元
60荷爾蒙平衡養生秘訣	出村博著	180元
61水美肌健康法	井戶勝富著	170元
62認識食物掌握健康	廖梅珠編著	170元
63痛風劇痛消除法	鈴木吉彥著	180元
64酸莖菌驚人療效	上田明彥著	180元
65大豆卵磷脂治現代病	神津健一著	200元
66時辰療法——危險時刻凌晨４時	呂建強等著	元
67自然治癒力提升法	帶津良一著	元
68巧妙的氣保健法	藤平墨子著	元

・實用女性學講座・電腦編號 19

①解讀女性內心世界	島田一男著	150元
②塑造成熟的女性	島田一男著	150元
③女性整體裝扮學	黃靜香編著	180元
④女性應對禮儀	黃靜香編著	180元

・校 園 系 列・電腦編號 20

①讀書集中術	多湖輝著	150元
②應考的訣竅	多湖輝著	150元
③輕鬆讀書贏得聯考	多湖輝著	150元
④讀書記憶秘訣	多湖輝著	150元
⑤視力恢復！超速讀術	江錦雲譯	180元
⑥讀書36計	黃柏松編著	180元
⑦驚人的速讀術	鐘文訓編著	170元
⑧學生課業輔導良方	多湖輝著	170元

・實用心理學講座・電腦編號 21

①拆穿欺騙伎倆	多湖輝著	140元
②創造好構想	多湖輝著	140元
③面對面心理術	多湖輝著	160元
④偽裝心理術	多湖輝著	140元
⑤透視人性弱點	多湖輝著	140元
⑥自我表現術	多湖輝著	150元
⑦不可思議的人性心理	多湖輝著	150元
⑧催眠術入門	多湖輝著	150元
⑨責罵部屬的藝術	多湖輝著	150元
⑩精神力	多湖輝著	150元
⑪厚黑說服術	多湖輝著	150元
⑫集中力	多湖輝著	150元
⑬構想力	多湖輝著	150元
⑭深層心理術	多湖輝著	160元
⑮深層語言術	多湖輝著	160元
⑯深層說服術	多湖輝著	180元
⑰掌握潛在心理	多湖輝著	160元
⑱洞悉心理陷阱	多湖輝著	180元
⑲解讀金錢心理	多湖輝著	180元
⑳拆穿語言圈套	多湖輝著	180元
㉑語言的心理戰	多湖輝著	180元

・超現實心理講座・電腦編號 22

①超意識覺醒法	詹蔚芬編譯	130元
②護摩秘法與人生	劉名揚編譯	130元
③秘法！超級仙術入門	陸　明譯	150元

④給地球人的訊息	柯素娥編著	150元
⑤密教的神通力	劉名揚編著	130元
⑥神秘奇妙的世界	平川陽一著	180元
⑦地球文明的超革命	吳秋嬌譯	200元
⑧力量石的秘密	吳秋嬌譯	180元
⑨超能力的靈異世界	馬小莉譯	200元
⑩逃離地球毀滅的命運	吳秋嬌譯	200元
⑪宇宙與地球終結之謎	南山宏著	200元
⑫驚世奇功揭秘	傅起鳳著	200元
⑬啟發身心潛力心象訓練法	栗田昌裕著	180元
⑭仙道術遁甲法	高藤聰一郎著	220元
⑮神通力的秘密	中岡俊哉著	180元
⑯仙人成仙術	高藤聰一郎著	200元
⑰仙道符咒氣功法	高藤聰一郎著	220元
⑱仙道風水術尋龍法	高藤聰一郎著	200元
⑲仙道奇蹟超幻像	高藤聰一郎著	200元
⑳仙道鍊金術房中法	高藤聰一郎著	200元

・養 生 保 健・電腦編號 23

①醫療養生氣功	黃孝寬著	250元
②中國氣功圖譜	余功保著	230元
③少林醫療氣功精粹	井玉蘭著	250元
④龍形實用氣功	吳大才等著	220元
⑤魚戲增視強身氣功	宮　嬰著	220元
⑥嚴新氣功	前新培金著	250元
⑦道家玄牝氣功	張　章著	200元
⑧仙家秘傳袪病功	李遠國著	160元
⑨少林十大健身功	秦慶豐著	180元
⑩中國自控氣功	張明武著	250元
⑪醫療防癌氣功	黃孝寬著	250元
⑫醫療強身氣功	黃孝寬著	250元
⑬醫療點穴氣功	黃孝寬著	250元
⑭中國八卦如意功	趙維漢著	180元
⑮正宗馬禮堂養氣功	馬禮堂著	420元
⑯秘傳道家筋經內丹功	王慶餘著	280元
⑰三元開慧功	辛桂林著	250元
⑱防癌治癌新氣功	郭　林著	180元
⑲禪定與佛家氣功修煉	劉天君著	200元
⑳顛倒之術	梅自強著	360元
㉑簡明氣功辭典	吳家駿編	元

㉒八卦三合功	張全亮著	230元

・社會人智囊・電腦編號24

①糾紛談判術	淸水增三著	160元
②創造關鍵術	淺野八郎著	150元
③觀人術	淺野八郎著	180元
④應急詭辯術	廖英迪編著	160元
⑤天才家學習術	木原武一著	160元
⑥猫型狗式鑑人術	淺野八郎著	180元
⑦逆轉運掌握術	淺野八郎著	180元
⑧人際圓融術	澀谷昌三著	160元
⑨解讀人心術	淺野八郎著	180元
⑩與上司水乳交融術	秋元隆司著	180元
⑪男女心態定律	小田晉著	180元
⑫幽默說話術	林振輝編著	200元
⑬人能信賴幾分	淺野八郎著	180元
⑭我一定能成功	李玉瓊譯	180元
⑮獻給青年的嘉言	陳蒼杰譯	180元
⑯知人、知面、知其心	林振輝編著	180元
⑰塑造堅強的個性	坂上肇著	180元
⑱爲自己而活	佐藤綾子著	180元
⑲未來十年與愉快生活有約	船井幸雄著	180元

・精 選 系 列・電腦編號25

①毛澤東與鄧小平	渡邊利夫等著	280元
②中國大崩裂	江戶介雄著	180元
③台灣・亞洲奇蹟	上村幸治著	220元
④7-ELEVEN高盈收策略	國友隆一著	180元
⑤台灣獨立	森　詠著	200元
⑥迷失中國的末路	江戶雄介著	220元
⑦2000年5月全世界毀滅	紫藤甲子男著	180元
⑧失去鄧小平的中國	小島朋之著	220元

・運 動 遊 戲・電腦編號26

①雙人運動	李玉瓊譯	160元
②愉快的跳繩運動	廖玉山譯	180元
③運動會項目精選	王佑京譯	150元
④肋木運動	廖玉山譯	150元

⑤測力運動　王佑宗譯　150元

・休閒娛樂・電腦編號27

①海水魚飼養法　田中智浩著　300元
②金魚飼養法　曾雪玫譯　250元

・銀髮族智慧學・電腦編號28

①銀髮六十樂逍遙　多湖輝著　170元
②人生六十反年輕　多湖輝著　170元
③六十歲的決斷　多湖輝著　170元

・飲食保健・電腦編號29

①自己製作健康茶　大海淳著　220元
②好吃、具藥效茶料理　德永睦子著　220元
③改善慢性病健康茶　吳秋嬌譯　200元

・家庭醫學保健・電腦編號30

①女性醫學大全　雨森良彥著　380元
②初爲人父育兒寶典　小瀧周曹著　220元
③性活力強健法　相建華著　200元
④30歲以上的懷孕與生產　李芳黛編著　元

・心靈雅集・電腦編號00

①禪言佛語看人生　松濤弘道著　180元
②禪密教的奧秘　葉逯謙譯　120元
③觀音大法力　田口日勝著　120元
④觀音法力的大功德　田口日勝著　120元
⑤達摩禪106智慧　劉華亭編譯　220元
⑥有趣的佛教研究　葉逯謙編譯　170元
⑦夢的開運法　蕭京凌譯　130元
⑧禪學智慧　柯素娥編譯　130元
⑨女性佛教入門　許俐萍譯　110元
⑩佛像小百科　心靈雅集編譯組　130元
⑪佛教小百科趣談　心靈雅集編譯組　120元
⑫佛教小百科漫談　心靈雅集編譯組　150元
⑬佛教知識小百科　心靈雅集編譯組　150元

⑭佛學名言智慧	松濤弘道著	220元
⑮釋迦名言智慧	松濤弘道著	220元
⑯活人禪	平田精耕著	120元
⑰坐禪入門	柯素娥編譯	150元
⑱現代禪悟	柯素娥編譯	130元
⑲道元禪師語錄	心靈雅集編譯組	130元
⑳佛學經典指南	心靈雅集編譯組	130元
㉑何謂「生」　阿含經	心靈雅集編譯組	150元
㉒一切皆空　般若心經	心靈雅集編譯組	150元
㉓超越迷惘　法句經	心靈雅集編譯組	130元
㉔開拓宇宙觀　華嚴經	心靈雅集編譯組	130元
㉕真實之道　法華經	心靈雅集編譯組	130元
㉖自由自在　涅槃經	心靈雅集編譯組	130元
㉗沈默的教示　維摩經	心靈雅集編譯組	150元
㉘開通心眼　佛語佛戒	心靈雅集編譯組	130元
㉙揭秘寶庫　密教經典	心靈雅集編譯組	130元
㉚坐禪與養生	廖松濤譯	110元
㉛釋尊十戒	柯素娥編譯	120元
㉜佛法與神通	劉欣如編著	120元
㉝悟（正法眼藏的世界）	柯素娥編譯	120元
㉞只管打坐	劉欣如編著	120元
㉟喬答摩・佛陀傳	劉欣如編著	120元
㊱唐玄奘留學記	劉欣如編著	120元
㊲佛教的人生觀	劉欣如編譯	110元
㊳無門關（上卷）	心靈雅集編譯組	150元
㊴無門關（下卷）	心靈雅集編譯組	150元
㊵業的思想	劉欣如編著	130元
㊶佛法難學嗎	劉欣如著	140元
㊷佛法實用嗎	劉欣如著	140元
㊸佛法殊勝嗎	劉欣如著	140元
㊹因果報應法則	李常傳編	140元
㊺佛教醫學的奧秘	劉欣如編著	150元
㊻紅塵絕唱	海　若著	130元
㊼佛教生活風情	洪丕謨、姜玉珍著	220元
㊽行住坐臥有佛法	劉欣如著	160元
㊾起心動念是佛法	劉欣如著	160元
㊿四字禪語	曹洞宗青年會	200元
(51)妙法蓮華經	劉欣如編著	160元
(52)根本佛教與大乘佛教	葉作森編	180元
(53)大乘佛經	定方晟著	180元
(54)須彌山與極樂世界	定方晟著	180元

⑮阿闍世的悟道	定方晟著	180元
⑯金剛經的生活智慧	劉欣如著	180元

•經 營 管 理• 電腦編號 01

◎創新經營管理六十六大計（精）	蔡弘文編	780元
①如何獲取生意情報	蘇燕謀譯	110元
②經濟常識問答	蘇燕謀譯	130元
④台灣商戰風雲錄	陳中雄著	120元
⑤推銷大王秘錄	原一平著	180元
⑥新創意・賺大錢	王家成譯	90元
⑦工廠管理新手法	琪　輝著	120元
⑨經營參謀	柯順隆譯	120元
⑩美國實業24小時	柯順隆譯	80元
⑪撼動人心的推銷法	原一平著	150元
⑫高竿經營法	蔡弘文編	120元
⑬如何掌握顧客	柯順隆譯	150元
⑭一等一賺錢策略	蔡弘文編	120元
⑯成功經營妙方	鐘文訓著	120元
⑰一流的管理	蔡弘文編	150元
⑱外國人看中韓經濟	劉華亭譯	150元
⑳突破商場人際學	林振輝編著	90元
㉑無中生有術	琪輝編著	140元
㉒如何使女人打開錢包	林振輝編著	100元
㉓操縱上司術	邑井操著	90元
㉔小公司經營策略	王嘉誠著	160元
㉕成功的會議技巧	鐘文訓編譯	100元
㉖新時代老闆學	黃柏松編著	100元
㉗如何創造商場智囊團	林振輝編譯	150元
㉘十分鐘推銷術	林振輝編譯	180元
㉙五分鐘育才	黃柏松編譯	100元
㉚成功商場戰術	陸明編譯	100元
㉛商場談話技巧	劉華亭編譯	120元
㉜企業帝王學	鐘文訓譯	90元
㉝自我經濟學	廖松濤編譯	100元
㉞一流的經營	陶田生編著	120元
㉟女性職員管理術	王昭國編譯	120元
㊱ＩＢＭ的人事管理	鐘文訓編譯	150元
㊲現代電腦常識	王昭國編譯	150元
㊳電腦管理的危機	鐘文訓編譯	120元
㊴如何發揮廣告效果	王昭國編譯	150元

㊵最新管理技巧	王昭國編譯	150元
㊶一流推銷術	廖松濤編譯	150元
㊷包裝與促銷技巧	王昭國編譯	130元
㊸企業王國指揮塔	松下幸之助著	120元
㊹企業精銳兵團	松下幸之助著	120元
㊺企業人事管理	松下幸之助著	100元
㊻華僑經商致富術	廖松濤編譯	130元
㊼豐田式銷售技巧	廖松濤編譯	180元
㊽如何掌握銷售技巧	王昭國編著	130元
㊿洞燭機先的經營	鐘文訓編譯	150元
52新世紀的服務業	鐘文訓編譯	100元
53成功的領導者	廖松濤編譯	120元
54女推銷員成功術	李玉瓊編譯	130元
55ＩＢＭ人才培育術	鐘文訓編譯	100元
56企業人自我突破法	黃琪輝編著	150元
58財富開發術	蔡弘文編著	130元
59成功的店舖設計	鐘文訓編著	150元
61企管回春法	蔡弘文編著	130元
62小企業經營指南	鐘文訓編譯	100元
63商場致勝名言	鐘文訓編譯	150元
64迎接商業新時代	廖松濤編譯	100元
66新手股票投資入門	何朝乾　編	200元
67上揚股與下跌股	何朝乾編譯	180元
68股票速成學	何朝乾編譯	200元
69理財與股票投資策略	黃俊豪編著	180元
70黃金投資策略	黃俊豪編著	180元
71厚黑管理學	廖松濤編譯	180元
72股市致勝格言	呂梅莎編譯	180元
73透視西武集團	林谷燁編譯	150元
76巡迴行銷術	陳蒼杰譯	150元
77推銷的魔術	王嘉誠譯	120元
7860秒指導部屬	周蓮芬編譯	150元
79精銳女推銷員特訓	李玉瓊編譯	130元
80企劃、提案、報告圖表的技巧	鄭　汶　譯	180元
81海外不動產投資	許達守編譯	150元
82八百件的世界策略	李玉瓊譯	150元
83服務業品質管理	吳宜芬譯	180元
84零庫存銷售	黃東謙編譯	150元
85三分鐘推銷管理	劉名揚編譯	150元
86推銷大王奮鬥史	原一平著	150元
87豐田汽車的生產管理	林谷燁編譯	150元

•成功寶庫•電腦編號02

①上班族交際術	江森滋著	100元
②拍馬屁訣竅	廖玉山編譯	110元
④聽話的藝術	歐陽輝編譯	110元
⑨求職轉業成功術	陳　義編著	110元
⑩上班族禮儀	廖玉山編著	120元
⑪接近心理學	李玉瓊編著	100元
⑫創造自信的新人生	廖松濤編著	120元
⑭上班族如何出人頭地	廖松濤編著	100元
⑮神奇瞬間瞑想法	廖松濤編譯	100元
⑯人生成功之鑰	楊意苓編著	150元
⑲給企業人的諍言	鐘文訓編著	120元
⑳企業家自律訓練法	陳　義編譯	100元
㉑上班族妖怪學	廖松濤編著	100元
㉒猶太人縱橫世界的奇蹟	孟佑政編著	110元
㉓訪問推銷術	黃靜香編著	130元
㉕你是上班族中強者	嚴思圖編著	100元
㉖向失敗挑戰	黃靜香編著	100元
㉙機智應對術	李玉瓊編著	130元
㉚成功頓悟100則	蕭京凌編譯	130元
㉛掌握好運100則	蕭京凌編譯	110元
㉜知性幽默	李玉瓊編譯	130元
㉝熟記對方絕招	黃靜香編譯	100元
㉞男性成功秘訣	陳蒼杰編譯	130元
㊱業務員成功秘方	李玉瓊編著	120元
㊲察言觀色的技巧	劉華亭編著	180元
㊳一流領導力	施義彥編譯	120元
㊴一流說服力	李玉瓊編著	130元
㊵30秒鐘推銷術	廖松濤編譯	150元
㊶猶太成功商法	周蓮芬編譯	120元
㊷尖端時代行銷策略	陳蒼杰編著	100元
㊸顧客管理學	廖松濤編著	100元
㊹如何使對方說Yes	程　羲編著	150元
㊺如何提高工作效率	劉華亭編著	150元
㊼上班族口才學	楊鴻儒譯	120元
㊽上班族新鮮人須知	程　羲編著	120元
㊾如何左右逢源	程　羲編著	130元
㊿語言的心理戰	多湖輝著	130元
51扣人心弦演說術	劉名揚編著	120元

㊸如何增進記憶力、集中力	廖松濤譯	130元
㊺性惡企業管理學	陳蒼杰譯	130元
㊻自我啟發200招	楊鴻儒編著	150元
㊼做個傑出女職員	劉名揚編著	130元
㊽靈活的集團營運術	楊鴻儒編著	120元
㊿個案研究活用法	楊鴻儒編著	130元
61企業教育訓練遊戲	楊鴻儒編著	120元
62管理者的智慧	程　義編譯	130元
63做個佼佼管理者	馬筱莉編譯	130元
64智慧型說話技巧	沈永嘉編譯	130元
66活用佛學於經營	松濤弘道著	150元
67活用禪學於企業	柯素娥編譯	130元
68詭辯的智慧	沈永嘉編譯	150元
69幽默詭辯術	廖玉山編譯	150元
70拿破崙智慧箴言	柯素娥編譯	130元
71自我培育・超越	蕭京凌編譯	150元
74時間即一切	沈永嘉編譯	130元
75自我脫胎換骨	柯素娥譯	150元
76贏在起跑點—人才培育鐵則	楊鴻儒編譯	150元
77做一枚活棋	李玉瓊編譯	130元
78面試成功戰略	柯素娥編譯	130元
79自我介紹與社交禮儀	柯素娥編譯	150元
80說NO的技巧	廖玉山編譯	130元
81瞬間攻破心防法	廖玉山編譯	120元
82改變一生的名言	李玉瓊編譯	130元
83性格性向創前程	楊鴻儒編譯	130元
84訪問行銷新竅門	廖玉山編譯	150元
85無所不達的推銷話術	李玉瓊編譯	150元

・處 世 智 慧・電腦編號 03

①如何改變你自己	陸明編譯	120元
⑥靈感成功術	譚繼山編譯	80元
⑧扭轉一生的五分鐘	黃柏松編譯	100元
⑩現代人的詭計	林振輝譯	100元
⑫如何利用你的時間	蘇遠謀譯	80元
⑬口才必勝術	黃柏松編譯	120元
⑭女性的智慧	譚繼山編譯	90元
⑮如何突破孤獨	張文志編譯	80元
⑯人生的體驗	陸明編譯	80元
⑰微笑社交術	張芳明譯	90元

國家圖書館出版品預行編目資料

生男生女控制術／中垣勝裕著；柯素娥譯
——初版——臺北市，大展，民85
面； 公分——（婦幼天地；37）
譯自：赤ちゃんの生み分けを成功させる本
ISBN 957-557-662-4（平裝）

1.結婚醫學常識

429.1 85013297

AKACHAN NO UMIWAKE WO SEIKO SASERU HON
written by Katsuhiro Nakagaki

Original Japanese edition
published by Futami Shobo Publishing Co.
Chinese translation rights
arranged with Futami Shobo Publishing Co.
through Japan Foreign-Rights Centre/Hongzu Enterprise Co., Ltd.

生男生女控制術 ISBN 957-557-662-4

原 著 者／中垣　勝裕
編 譯 者／柯　素　娥
發 行 人／蔡　森　明
出 版 者／大展出版社有限公司
社　　址／台北市北投區（石牌）致遠一路二段12巷1號
電　　話／(02) 8236031・8236033
傳　　眞／(02) 8272069
郵政劃撥／0166955－1
登 記 證／局版臺業字第2171號
承 印 者／國順圖書印刷公司
裝　　訂／嶸興裝訂有限公司
排 版 者／千兵企業有限公司
電　　話／(02) 8812643
初　　版／1996年（民85年）11月

定　　價／220元

大展好書 好書大展